# 빙하의 반격

비에른 로아르 바스네스 지음
심진하 옮김

# 빙하의 반격

비에른 로아르 바스네스 지음
심진하 옮김

유아이북스
Ultimate Information

# 빙하의 반격

1판 1쇄 발행  2020년 3월 10일
1판 3쇄 발행  2021년 6월  5일

**지은이**  비에른 로아르 바스네스
**옮긴이**  심진하
**펴낸이**  이윤규
**펴낸곳**  유아이북스

**출판등록**  2012년 4월 2일
**주소**  서울시 용산구 효창원로 64길 6
**전화**  02-704-2521
**팩스**  02-715-3536
**이메일**  uibooks@uibooks.co.kr
**ISBN**  979-11-6322-027-5  03450
**정가**  15,000원

지구 평균 온도 1.5도 상승을 막기 위해서는

지금 하는 노력보다 5배는 더 필요하다.

WMO 사무총장 페테리 탈라스

# 프롤로그 : 하얀 망토들의 춤

우주선 아폴로 17호에서 1972년에 찍은 유명한 사진 한 장을 본 적이 있을 것이다.

광활한 우주 공간에서 오롯이 서 있는 지구의 모습을 담은 이 사진은, 지구가 우리의 집이자 터전이고 보존해야 할 까다롭고 섬세한 곳이라는 인식을 사람들에게 주었다. 이 사진은 환경 운동가들에게 일종의 상징이 되었다. 또한 푸른 대양으로 둘러싸인 지구의 모습 때문에 지구는 '푸른 행성'이라고 불리기 시작했다.

하지만 사진이 말하지 않는 진실도 있다. 우주에서 정적으로 지구를 찍는 것이 아니라 연속촬영을 했더라면 알게 되었을 진실이. 단순히 몇분 동안이 아니라 1년 내내, 할 수만 있다면 몇백 년의 시간 동안 촬영했다면 말이다. 우리가 이 영화를 아주 빠른 속도로 재생한다면 전혀 다른 이미지를 보게 될 것이다. 계절의 변화에 발맞추어 양극 지대의 하얀 망토들이 대륙과 대양을 넘어 퍼져나가다가 후퇴하며 꾸준히 변화하는 지구의 모습과 북극의 겨울엔 대륙 지역의 대부분이 눈으로 덮여 있다가 여름이 되면 사라지는 모습을 말이다. 남극과 북극의 바다도 같은 변화를 겪는다. 하얀빛의 눈으로 덮인 거대한 얼음판들이 확장하다가 퇴각하고, 넓어지다가 줄어드는 걸 반복하며 연중 내내 이어지는 순환의 춤을 추는 것이다.

만약 촬영을 더 오래 할 수 있었다면, 지구가 리듬을 타며 춤추는 것 같은 모습도 볼 수 있었을 것이다. 시기에 따라 하얀색 부분이 적어지고 많아지는 모습을 말이다. 그리고 이것보다 더 오랜 시간 촬영을 했다면 기적 같은 일을 목격할 수 있었을 것이다.

하얀 망토가 지구 전체를 뒤덮어서 지구가 온통 하얀빛으로 변하는 순간을 말이다. 지구가 하나의 눈덩이처럼 변하는 것이다. 파란 얼룩 하나조차 보이지 않을 정도로.

정반대의 일이 일어나는 시기도 볼 수 있을 것이다. 그러나 모든 하얀빛이 사라져 버린 시기가 있더라도 하얀빛은 항상 다시 돌아온다. 때로는 천천히, 때로는 빠르게. 이따금 일정한 주기를 가진 리듬을 타고 발생하는 일처럼 보이기도 한다. 하지만 리듬은 이내 무너진다.

하얀 망토는 돌출행동을 보이거나 갑자기 사라져 버린다. 영화의 막바지에 우리가 현재 살아가고 있는 시간이 다가올수록, 우리는 변화의 리듬이 빨라지고 공격적으로 변하는 걸 보게 된다. 영화가 멈추는 순간, 우리는 과거 그 어느 때보다 빠른 속도로 하얀 망토가 재차 줄어들고 있음을 보게 된다. 참으로 기이한 일이어서 우리는 영화가 다시 시작된다면 무슨 일이 생길지 궁금해질 것이다.

그곳에서 대체 무슨 일이 일어나고 있는지 알기 위해 또 이 춤의 리듬을 되찾기 위해, 우리는 아폴로 17호에서 바라보는 풍경에서 벗어나야 한다. 밤하늘의 금성과 화성은 매우 아름다워 보이지만, 눈부시고 꾸준한 변화를 겪는 지구에 비하면 상당히 단조롭고 죽어 있는 상태에 가깝다. 그러니 심심하고 지루한 형제인 금성과 화성보다 훨씬 독특하고 생동감 있는 지구의 지표면에 초점을 맞추도록 하자. 지구가 추는 아름다운 춤의 원인은 무엇일까? 또 이 춤은 지구인을 어떻게 진화시켜 왔을까? 어쩌면 지구인 스스로도 눈치채지 못했던 것은 아닐까?

# 차 례

## 1부

작년에 내린 눈

# 해빙

"이제 그는 물 위의 눈처럼 사라졌네."

로빈 윌리엄슨Robin Williamson의 노래, 〈덩치 큰 테드Big Ted〉

당신이 보드카 병 안에 있는데 당신을 둘러싼 세계가 녹아 없어진다면, 그건 어떤 느낌일까?

한 보드카 브랜드의 광고에서 모델 케이트 모스Kate Moss가 보드카 병 속에서 있던 것처럼 말이다.

보드카 병이 인간 크기의 얼음으로 만들어졌다면 그리 나쁘지는 않을 것이다. 혹은 아이스 호텔이 녹아내려 토르네강Torneälven으로 흘러내려가는 5월, 다음 겨울에 재개장 시기이자 이미 성수기가 끝난 그 시기에 스웨덴 북부의 유카스예르비Jukkasjärvi에 있는 아이스 호텔에 머물고 있다 해도 끔찍한 일은 아닐 것이다.

꽁꽁 얼어붙은 강에서 도려낸 후 얼음조각가의 전문적인 손길이 닿은 얼음

벽돌부터, 얼음으로 만들어진 바 스툴*과 화려한 실내 장식, 얼음 잔으로 꾸며진 얼음 바는 건재할 테니 말이다. ("차가운 음료만 주문 가능합니다!"라고 바텐더는 소리치겠지만.)

내가 이런 경험을 한 건 90년대였다. 호텔이 사실상 폐장한 기간이었음에도 호텔을 방문하여 둘러볼 수 있도록 허가를 받았었다. 이내 아이스 호텔이 운영되는 4개월 동안 주로 일본과 중국에서 오는 매년 대략 5만 명의 관광객이 호텔을 찾아왔다.

호텔은 11월부터 짓기 시작하고 성탄절이나 신년 즈음에 체크인 준비를 마치며 5월에는 전부 녹아 없어진다. 최근 몇 년 사이에 비슷한 컨셉의 호텔들이 핀란드와 노르웨이에도 우후죽순 생겨났다. 물론 단순한 건설방식으로 지어진 호텔이기에 아이스 호텔이 아니라 '스노우 호텔'이라 불리지만 요즘에는 이조차도 쉽지 않다.

2016년~2017년 겨울에 트롬쇠Tromsø 외곽의 크발뢰야섬Kvaløya에 새로운 스노우 호텔을 개장하려 했을 때 날씨가 얼음이 유지될 만큼 춥지 않아서, 개장을 이듬해 겨울로 연기해야만 했다. 겨울은 이제 더 이상 믿을 수 있는 존재가 아니었다. 언제 겨울이 올지도, 또 언제 겨울이 갈지도 예측할 수가 없는 것이다. 유카스예르비의 아이스 호텔도 같은 문제를 겪었는데 이제는 호텔이 연중 내내 건재할 수 있도록 개선책을 찾아냈다고 한다. 바로 태양열을 이용하여 추위를 유지하는 것이다. 백야의 나라다 보니 여름에는 태양열로 하루 종일 에너지를 생성할 수 있었다. 그리고 백야와 아이스 호텔의 조합은 관광

---

* 팔걸이나 등받이가 없고 다리만 있는 높은 의자 — 편집자 주

객들이 만족스러워할 만한 상품이다.

빙권[1], 즉 영구동토의 세상은 멸종위기에 처한 동물과 비슷하게 희소한 관광지가 되었다. 지구 여기저기에서 서서히 사라지기 시작함과 동시에, 아직은 존재하는 신비로운 눈과 얼음의 세계를 경험하기 위해 북극으로 관광객들이 몰려들고 있다.

눈구덩이 속에서 잠을 자거나 눈싸움 등 내가 어렸을 때는 공짜로 할 수 있었던 일들을 해보기 위해 관광객들은 몇십만 원의 돈을 지불하고 있다.

지구 반대편에서 먼 길을 날아와 방문한 스노우 호텔에서 하는 일이라곤 고작 순록 가죽으로 만든 침낭에서 단 하룻밤 잠을 자는 것인데도 말이다. 부유층이라면 크루즈를 타고 얼음과 눈을 경험하는 게 더 나은 선택일 수도 있다.

최근에 급속히 증가하고 있는 스발바르Svalbard, 그린란드Grønland, 파타고니아Patagonia와 남극 여행처럼 말이다. 얼음으로 뒤덮인 산에서 트래킹을 즐길 수 있고 펭귄에게 인사도 건넬 수 있고 음료수에 몇천 살 이상 먹은 얼음을 담아 마실 수도 있으니까.

그러나 그린란드의 디스코만Diskobukta이나 남극반도로 가기 위해 700만 원이나 지불할 형편이 안되는 사람들에게 이 여행은 급히 서둘러야만 하는 작전이다. (발밑의 눈을 경험하고 싶다면 말이다.)

빙하 전문가들에 따르면 연중 가장 큰 경축일인 5월 17일 노르웨이 제헌절 행사 때마다 핀세Finse 지역의 하당에르빙하Hardangerjøkulen에서 깃발과 관악기와 함께 시작하는 퍼레이드 행렬은 향후 몇 년 동안만 지속할 수 있을 거라고 한다.

쉽게 말하자면, 21세기 중반이 다다를 때쯤 노르웨이에서 가장 쉽게 찾아

갈 수 있는 빙하 하나가 그냥 사라져 버린다는 것이다. 지구 온난화가 갑자기 멈추지 않는 한 크기가 더 작은 다른 빙하들도 마찬가지다. 게다가 노르웨이의 국민 스포츠인 크로스컨트리 스키 또한 위험에 처해있다.

매년 오슬로Oslo의 홀멘콜렌Holmenkollen에서 열리는 대규모의 스키 경주도 인공 눈을 만드는 기계의 도움 없이는 치르지 못하고 있고, 스키 선수들도 진짜 눈 위에서 훈련하기 위해 점점 더 높은 산 위로 올라가야만 하는 실정이다. 스키 밑에 바퀴를 달아 놓은 여름용 롤러 스키를 타고 크로스컨트리 경기를 한다 한들, 진짜 스키 대회와 같을 리가 없다. 현 상황이 겨울이라는 계절을 기반으로 단단해진 정체성을 지닌 민족에게 미치는 영향은 무엇일까? 노르웨이의 두 번째 국가라고 불리는 노래의 '하얀 눈처럼 하얗고', '빙하처럼 푸른, 노르웨이는 빨강과 하양과 파랑!'이라는 가사처럼 말이다.*

옛날처럼 많은 사람이 스키를 타는 것도 아닌데 하면서 누군가는 별일 아니라고 말할지도 모른다. 어차피 여러 스키 선수들도 이제는 인공 눈에서 훈련을 하고 있다.

심지어 거물급 국가대표인 토마스 알스가르드Thomas Alsgaard도 눈 부족으로 인해 크로스컨트리 스키라는 종목이 곧 사라질 거라 생각한다고 말한 적이 있다.[2] 눈과 빙하가 이 땅 노르웨이에서 사라진다 해도 노르웨이는 생존할 수 있을 것이다. 노르웨이에는 여전히 백야와 오로라가 있고, 다행히도 이 관광 상품은 여름과 겨울을 나란히 양분하고 있으니 관광업계 또한 1년 내내 유지

---

* 노르웨이의 국기 속 3색인 빨강, 하양, 파랑을 석양의 빨간색, 눈의 하얀색, 빙하의 푸른 색으로 비유하는 노래로 노르웨이의 두 번째 국가라는 별명을 가지고 있을 정도로 모두가 즐겨 부르는 노래이다. — 역주

될 수 있을 것이다.

그러니까 이게 이리 소란스럽게 굴 일이란 말인가?

물론 누군가는 스키를 지하실에 세워만 두는 일이 슬플 것이지만, 다른 누군가는 더 이상 눈을 지우지 않아도 되고 심지어 벌상으로 가는 도로의 세실 비용을 부담하지 않아도 되니 좋아할 일이기도 하다. 또 다른 누군가는 이걸 지구 종말로 받아들이고, 온건하게 보는 사람이라도 이게 지구 온난화의 증거라고 받아들인다.

지구 온난화는 해수면의 상승을 일으킬 것이고 태평양 저 멀리 섬에서 살고 있는 사람들에게는 재앙을 일으킬 거라고 생각한다.

하지만 세계의 다방면에서 급변하고 있는 현재 상황에서 대부분의 노르웨이 사람들에게 온난화는 사소한 일에 불과하다. 테러, 난민유입, 노동환경의 로봇화가 더 중대한 걱정이다.

눈이 좀 덜 온다고, 얼음이 줄어든다 한들 뭐 그리 중요한 일이겠는가? 물개를 잡을 수 있는 유일한 지역이었고 얼음을 몇천 년 동안이나 사냥터로 사용해 온 그린란드에서조차 많은 사람들은 얼음이 사라지면 큰 규모의 미네랄 광산의 기회가 생길 테니 괜찮다고 생각한다. 그리고 나의 고향 핀마르크 지역에서도 눈 때문에 5월까지도 도로가 막히는 상황을 그리워할 이는 많지 않을 것이다. 눈을 치우는 일도 그립지 않을 것이다. 그러니까 그냥 녹게 내버려 두자!

1년 중 8, 9개월이 겨울일 정도로 진짜 겨울이 있던 시절에 북극권에서 성장한 나 역시도 이렇게 생각했었다.

나는 유년 시절 대부분을 노르웨이에서 극강으로 추운 지역인 핀마르크 고원Finnmarksvidda에서 보냈다. 하지만 고난의 눈 지옥 겨울은 70년대 트롬 쇠Tromsø에서 경험했다. 그 당시엔 집으로 가기 위해서 터널을 파야만 했는 데, 북극권을 탈출하게 된 이유 중 하나도 '터널 파내기' 노동의 괴로움이었다. 노르웨이에서 눈이 가장 적게 오는, 대신 비가 가장 많이 내리는 서쪽으로 이 사를 가게 된 이유였다. 노르웨이의 서쪽에 살더라도 높은 산으로 올라가면 스키를 타는 게 가능했으니 하얀색을 그리워할 필요도 없었다.

1년 내내 눈이 내리지 않고 온도가 0도 가까이 떨어지지도 않는 위도상 남 쪽 지역으로 처음으로 가게 돼서야, 나는 눈, 얼음 혹은 영구동토의 형태로 얼 어있는 지구의 부분인, 빙권을 재발견하게 되었다. 인구 밀도가 높고 태양이 작렬하는 인도 북부와 방글라데시Bangladesh의 갠지스Gange고원에서 40도에 가까운 온도에서 땀에 흠뻑 젖게 돼서야 나는 얼마나 빙권이 중요한지를 알게 되었다.

1년 중 가장 무덥고 건조한 시기 동안 이 지역의 사람들을 생존하게 하는 것은 무엇일까?

그렇다, 그들이 갠지스 고원에서는 보이지도 않았을 바로 저 멀리 히말라 야Himalaya 높은 곳에 있는 산 속 얼음과 눈이었다. 몬순*이 오기 전 몇 달 동 안 서서히 메말라가는 강들을 호우가 채워주지 못할 때, 지구의 지붕에서 녹아 흐르는 눈과 빙하가 강이 완전히 메말라 갈라지지 않도록 돌봐주고 있었다.

내가 갠지스강과 지류들을 여행하며 강이 인류에게 어떤 의미인지에 대한 TV 프로그램을 제작하던 90년대에는 이 주제에 대해 논하는 사람이 거의 없

---

\* 계절풍을 뜻한다. — 편집자 주

다시피 했다. 만약 빙하가 사라진다면 무슨 일이 생길지에 대해 나 스스로도 깊게 고민해보지 않았다.

그러나 히말라야와 티베트Tibet, 카라코람Karakoram 산맥, 파미르 고원의 빙하 강들이 몇억 명의, 게다가 티베트에서 시작하는 중국의 큰 상들까지 고려해보면 10억 이상의 생명을 살리고 있다. 후에 나는 이 현상이 특별한 한 사례가 아니라는 걸 알게 되었다. 지구의 다른 지역에서도 눈과 얼음이 인류, 동물, 식물의 생명을 유지시키는 데 중요한 역할을 한다는 걸 알게 되었기 때문이다. 이는 눈과 얼음이 녹은 물에 크게 의존하여 살아가는 안데스Andes 산맥 주변의 나라들에게만 해당되는 일이 아니다. 최근에 밝혀진 바처럼 비옥한 땅인 캘리포니아California 에서조차 빙권의 자비로 살아간다.

따뜻해진 지구에서 '작년에 내린 눈'*이 바로 비로 변형되어 내린다면, 흘러내리는 비의 특성상 자연적인 저수지의 기능을 수행하지 못할 것이기 때문이다. 그래서 겨울의 왕국, 빙권은 지구의 대부분의 지역에서 인류의 생과 사를 결정할 정도로 중요하다. 특히 눈이나 얼음을 절대 볼 수 없는 지역에 사는 사람들에게는 더욱더 그렇다.

하지만 빙권은 저수지 이상의 기능을 한다.

빙권과 빙권의 역사에 대해 공부를 하면 할수록, 나는 빙권의 자비가 아주 먼 과거로 거슬러 올라가며 역사책이 설명하는 것보다도 더 큰 의미였다는 걸 알게 되었다. 겨울은 지구에서 생명이 진화하는 과정에도 지대한 영향을 미쳤다.

---

\* 노르웨이어로 '아직 해결되지 못한 문제'라는 뜻을 지닌 숙어표현이기도 하다. ― 역주

빙하의 반격

겨울의 순환, 즉 하얀 망토들의 춤은 아주 긴 시간 동안 지구의 풍경과 생명, 진화 그리고 인류의 역사에도 영향을 주었다.

더 자세히는 직립보행의 시기, 첫 번째 농업혁명, 노르웨이와 스웨덴 사이의 현재 국경, 증기 기관의 발달과 교통체증, 체스 챔피언 망누스 칼슨Magnus Carlsen과 창던지기 선수 안드레아스 투르실드슨Andreas Thorkildsen의 성격까지도 영향을 받았다. 직접적으로는 아니지만 빙권이 기후에 끼친 결정적인 영향들을 통해서 말이다. 오늘날 우리가 차차 발견하고 있는 빙권의 영향을 통해 벌어진 일이다.

# 불과 얼음의 사이에서

나의 생은 얼음, 푸른 빙하에 맞서 싸우는 이글거리는 불.

제왕이 되려는 둘의 투쟁, 하나는 미치광이고, 또 다른 하나는 더 심각한.

얼음은 방패처럼 차가운 삶. 그리고 불은 검은 구멍을 남긴다.

올라브 H. 하우게|Olav H. Hauge

핀마르크 고원에서 가장 아름다웠던 것은 겨울 하늘이었다.

핀마르크엔 높은 산이나 건물이 없기 때문에 360도로 펼쳐지는 넓은 지평선 너머의 하늘은 별과 오로라가 자유롭게 뛰어놀 수 있는 놀이터가 된다. 무엇보다 가장 좋은 건, 하늘의 자체 라이트 쇼에서 스포트라이트를 빼앗아 갈 그 어떠한 인공적인 빛 공해가 없다는 것이다. 게다가 겨울밤은 보통 날씨가 맑았다.

오늘날 오로라는 관광객을 자석처럼 끌어들이고 있다. 북쪽 노르웨이에 흐르는 걸프만류Gulf Stream 덕분에 동사하지 않고도 오로라를 볼 수 있기 때문

빙하의 반격

에 전 세계에서 관광객이 밀려들고 있다. 물론 그곳에서 나고 자란 내게도 깨끗하고 선명한 별로 수놓인 하늘은 장관 그 자체였다. 그리고 시선을 드넓은 하늘의 별빛에 고정시키다 보면 금방 이런 생각에 빠지게 된다. '저 바깥에도 다른 생명체가 살고 있는 건 아닐까? 지금 이 순간 '우리 행성처럼 살아 있는 생명체가 저 멀리에도 존재하지 않을까?' 하고 걸어가며 생각하는 누군가가 있는 건 아닐까?' 나는 당시 이런 생각에 자주 사로잡혔다. 어쩌면 수 놓인 하늘이 아주 선명했기 때문에 어른이 되면 천문학이나 물리학을 공부하기로 결심했던 걸지도 모른다.

시간이 지나면서 밤하늘에 대한 흥미는 점차 사라져 갔다.

천문학은 내 삶과 무관해졌고 나는 다른 관심거리를 찾았다. 내가 연구자가 아닌 중개자로서 과학의 영역으로 돌아왔을 때 내가 관심을 가졌던 문제는 생명의 신비였다. 가장 큰 미스터리일 수밖에 없는 바로 이 문제, 어떻게 생명이 탄생했고 점차 복잡한 형태로 변화할 수 있었으며 결국엔 자신의 존재 이유를 고민해볼 수 있는 지적 생명체가 나타나게 되었을까? 아인슈타인보다 다윈이 내게 더 중요해졌으며 인간 뇌의 진화 과정은 블랙홀보다 멋진 탐구 주제가 되어갔다. 뇌는 최근에 연구되기 시작한 미지의 대륙이었기에 연구전문기자라는 내 직업과도 관련이 있는 주제였다.

그래서 미국항공우주국NASA와 다른 연구자들이 지구와 유사한 행성을 찾았고 어쩌면 생명체도 있을지 모른다고 발표했을 때 나는 회의적이었다. 그래도 인정하건대 그들의 발표는 내 공상을 꽃피울 수 있었다. 정말 저 멀리 어딘가에 우리가 이야기를 나눌 수 있는 존재가 진짜 있으면 어떨까? 내가 생명체의 발전에 대해 읽어온 내용에 의하면 우리는 거의 불가능하고도, 적어도 가능성이 희박한, 연속적인 사건의 결과이다. 생명은, 특히 복합 생명체의 경우 단지 스스로 생겨난 것이 아니다. 진화생물학자인 외르스 사트마리Eörs Szathmáry와 존 메이너드 스미스John Maynard Smith의 저서《생명의 기원The Origins of Life》에서 저술한 내용이다.[3] 책에 따르면 우리 인간저럼 의사소통이 가능할 정도로 살아 있는 생명체가 탄생하기 위해서는 8단계의 변이 혹은 진화의 과정을 거쳐야 한다고 한다.

그리고 최종 단계에 이르기까지 모든 8단계의 과정을 지나쳐야 하며, 한 시기를 폴짝 건너뛸 수 있는 지름길도 없다고 한다.

가장 첫 번째 단계에서는 자기 자신을 복제할 수 있는 자기 증식을 하는 분자가 발생한다. 그리고 이 분야는 여전히 생명화학자들에게는 수수께끼지만 RNA(DNA의 더 단순한 친척)가 최초의 시작점이었을 것으로 추정해 볼 수 있다. 생명이 실제로 이런 과정을 거쳤는지는 아직 확신할 수 없지만 자기 복제는 두 가지 요소를 필요로 한다.

자기 증식(복제)의 과정과 복제를 일으킬 수 있는 에너지가 필요하다. 그리하여 생명은 에너지 원천의 주변에서만 발생할 수 있다. 한 가지 짚고 가자면 이 과정은 살아 있는 유기체가 흔히 사용하는 에너지 원천인 광합성*이 존재하기 훨씬 이전의 이야기이다. 그렇기에 닉 레인Nick Lane 같은 생명화학자는 가장 최초의 살아 있는 유기체는 해저의 열 원천 주변이나 화산 주변에서 발생했을 것이라 주장한다.[4]

싸트마리와 메이너드 스미스가 주장한 여덟 가지 단계나 레인의 생명체 진

---

\* 태양열을 생물학적 에너지로 변환시키는 것 ─ 역주

화 과정을 자세히 설명할 생각은 없다. 하지만 적어도 원칙적으로 어떻게 지구의 생명이 35억~40억 년 전쯤 한 장소에서 발생한 단세포에서 점점 더 복잡한 생명체로 진화했는지에 대한 짧은 설명은 하려고 한다. 그러니 인류가 정확히 이러한 과정을 거쳐 진화했다는 이야기는 아니다.

아주 간결하고 압축된 이야기로 내가 말하고자 하는 건 생명이 거쳐온 이 발전 과정과 다양한 진화가 어떻게 빙권, 겨울의 왕국의 역사와 함께 해 온 것인가에 대한 문제이다.

연결고리는 시작부터 존재했을 것으로 보인다. 몇십억 년 이전에 발생한 최초 시작점은 우주에서 항해하듯 날아온 얼음덩어리가 불타는 지구에 부딪혔을 때였다. 얼음덩어리는 혜성이었다. 태양계 역사에서 아주 불안정했던 초기 형성 시기에 수많은 혜성 무리와 다른 천체 무리가 연달아 지구에 떨어졌다. 천체들은 많은 것을 품고 떨어졌는데 그중에는 생명의 기초 재료도 있었고 어쩌면 생명 그 자체를 가져왔을 수도 있다. 하지만 빙권의 구성요소인 한 가지는 가져오지 않았다. 바로 물이다.

말하고자 했던 바가 바로 이 물이다. 다양한 형태로 어는 물 말이다. 속이 훤히 보이는 형태로, 호수 위 유리처럼 투명한 얼음으로, 도로 위에 물과 섞여 진창이 된 상태로, 겨울에 창문에 얼어붙은 성에로, 공기 중에서 천천히 흩날리는 눈발로, 빙하얼음의 몇 킬로미터 밑에 꽉 압축된 결정으로, 비가 영하의 아스팔트를 만나 도로 위에서 통통 튀듯 올라와 자동차가 미끄러지게 만드는 형태로도, 10월의 시든 밀짚 위의 서리로, 동물도 인간도 걸어갈 수가 없도록 뭉쳐있는 봄의 눈으로, 한밤중에 크루즈와 부딪혀서 몇백 명의 승객을 파도 속으로 삼켜버린 빙산으로. 또 봄 내내 물을 저장하고 있던 눈과 빙하얼음으로, 또 적당한 시기에 녹아내려 목마른 동물과 인간이 마실 물을 제공하는 눈으로도. 이 친구들이 우리의 지구를 특별하게 만드는 것이다.

물은 특별한 성질을 가진 물질인데 얼게 되면 더욱 신비로워진다. 이건 마법 때문이 아니다. 물 분자구조가 가진 독특한 형태로 인한 물의 물리적인 성질 때문이다. 이 현상은 물 분자들 사이의 유독 강한 결합을 형성하는데 특히 얼어 있는 형태일 때 독특함이 도드라진다. 물 분자는 수소 원자와 산소 원자로 구성되어 있는데 두 개의 수소 분자가 산소 원자 하나의 양쪽 부분에 붙어 있는 모양이다. 이러한 결합 구조 때문에 물 분자는 '굽어 있는' 형태를 지니게 되고, 수소 분자들의 부분에서는 양전하가, 산소 원자의 부분에서는 음전하가 발생하여 강한 극성을 띄게 된다.

물이 극성을 띄기 때문에 물 분자 사이에 강한 결합이 형성되고 원자들을 '굽어 있는' 형태로 단단히 묶게 된다. (액체, 증기, 그리고 대칭이거나, 육각형의 결정 구조를 가진 고체이든 간에 말이다.)

형태마다 아주 다른 모습일 수 있지만 일반적인 조건하에서는 주로 육각형의 구조를 띄는 결정들은 결합되기 때문에 물은 다수의 독특한 성질들을 지니게 된다.

그중 대표적인 것은 액체 상태일 때보다 고체 상태일 때 무게가 더 가볍다는 것이다. 얼음이 물 위에서 떠다닐 수 있는 이유가 이것이다. 이건 아주 소수의 물질만이 가지고 있는 성질인데 그중 하나가 탄소의 형태를 지닌 다이아몬드이다. 적정 온도하에서(다른 행성이나 달에서) 우리는 어쩌면 액체 상태의 다이아몬드 바다 위를 둥둥 떠다니는 다이아몬드 빙하를 볼 수 있을지도 모르는 일이다.

하지만 다이아몬드 빙하는 지구에 존재할 수 없다. 우리가 살고 있는 이곳에서 물은 고체, 액체, 증기 이 세 가지 형태로 존재할 수 있는 유일한 물질이다. (적어도 인류가 생존할 수 있는 환경에서는) 그렇다, 물의 세 가지 형태는 같은 온도(섭씨 0도)에서 동시에 경험할 수 있는 것이기도 하다. (얼음과 눈은 액체 상태의 물을 굳이 '우회'하지 않더라도 즉시 증기로 바뀔 수 있다.) 물 분자 사이의 강력한 결합으로 인해 물 분자 결합을 끊어내기가 어려워지고, 이로 인해 물은 독특한 끓는 점과 녹는 점을 가진다.

열역학 용어에서는 물이 형태 변화 시에 저항성이 강하다고 표현한다. 얼음을 물로 녹이는 데 굉장히 많은 에너지가 필요하고 물을 증기로 바꾸는 데도 많은 에너지가 필요하다. 얼어있는 형태의 물이 가진 특별한 구조는, 특히 눈으로 내릴 때, 또 다른 독특한 매력을 가지게 한다. 하얗게 변하고 무게도 가벼워진다는 것과 눈이 열을 보존하는 데에선 최고의 실력을 갖췄다는 것이다. 그리하여 당신이 얼어 죽지 않고도 눈구덩이 속에서 잠을 잘 수 있는 것이다.

원시 지구에서는 눈이나 얼음이 많지 않았다. 46억 년 전 요동치던 태양계 속에서 지구가 생성된 후로 지구는 불덩이였고 온도는 오늘날의 태양보다도 뜨거운 8000도에 가까웠다. 지구는 비처럼 끊임없이 쏟아지던 혜성과 유성, 천체들의 폭격을 받고 있었다. 말 그대로 '지옥 지구'였다. 차차 상황은 안정을 찾아갔다.

5억 년이 지난 후에 태양은 오랫동안 태양계의 새장을 벗어나 있던 새들을 (행성의 중력으로) 포획하는 데 성공했고, 새들은 자리를 잡거나 화성과 목성 사이에서 관측되는 소행성처럼 안정된 궤도를 갖게 되었다. 지구의 온도는 내려가기 시작했고 마침내 폭격이 가져온 선물 보따리를 풀어볼 수 있게 되었다. 혜성과 돌덩이들이 떨궈놓은 선물 보따리에 있던 건 바로 물이었다. 우리가 없이는 도저히 생존할 수 없는 독특한 성질을 지닌 놀라운 물질 말이다. 물만 가져온 건 아니었다. 연구자들은 최근 혜성들이 생명이 탄생하기 위해 필요한 모든 걸, 심지어는 생명 자체도 가져왔을 수 있다는 걸 발견했다. 이 선물은 얼음이라는 보따리에 포장되어 배달되었다.

생명이 탄생하기 위해서 무엇이 필요할까? 무엇보다 (단백질을 형성하는) 아미노산Amino acid, (유전물질을 형성하는) 핵 염기, 탄수화물 같은 복합 유기 분자가 필요하다.

생명이 생성되기 위해서는 앞서 언급한 분자들이 존재해야 한다. 하지만 연구자들은 지구에 생명이 생성되었을 당시에 복합 유기 분자들이 지구에 존재했다고 생각하지 않는다. 그렇다면 생명은 대체 어떻게 탄생한 것일까? 최근의 관측과 실험들을 통해 지지되고 있는 가능한 설명으로는 위의 분자들이 우주로부터 우수수 떨어져 내렸다는 것이다. 분자들을 배달한 것은 추측하건대 거대한 얼음덩어리들(혜성)이었을 거라는 설명이다. 만약 이게 사실이라면 우리 모두의 기원은 얼음이다.

우주 공간의 혜성으로부터 생명이 탄생했다는 생각은 새로운 건 아니지만, 널리 퍼지게 되다 보니 배종발달설Panspermia 이란 근사한 이름까지 얻었다. 프랜시스 크릭Francis Crick 이나 엔리코 페르미 Enrico Fermi 같은 저명 과학자들이 관련 논문을 썼고, 책이나 영화 등의 대중문화에서도 유명한 주제이기도 하다.[5] 배종발달설은 여러 형태로 발전하였다.

그중 하나는 누군가 일부러 생명의 씨앗을 지구로 보냈다는 것이다. 다른 하나에서는 유기물이 우연히도 우주 공간을 관통하는 여정에서 살아남아서 지구에 도착했다는 것이다. 그러한 악조건 속에서도 살아남을 수 있다는 걸 증명한 작은 동물도 있다. 그건 바로 물곰이다. 연구자들은 물곰을 우주 공간으로 보내는 실험을 했는데 그것들이 일종의 동면 상태에 빠졌다가 나중에 다시 깨어나 버렸다.[6]

가장 최근의 발견이 지지하고 있는 좀 더 중립적인 것은 유기물이 아니라 생명의 기초 재료들이 혜성을 통해 지구에 도착했다는 것이다. 그리고 이러한 기초 재료들이 우주선 로제타Rosetta 의 도움으로 면밀히 연구된 67P/추류모프-게라시멘코 혜성 67p/Churymov-Gerasimenko 에서 발견되었다. 현재까지 발견된 것은 아미노산 '글리신Glycine' (그렇다. 폭발성의 니트로글리세린Nitroglycerin 과 같지만 단백질을 구성하는 중요한 재료이기도 하다.)과 유기물의 필수 재료이기도 한 무기질 '인'이다. 게다가 혜성과 다른 천체들이 생명에게 완전 필수불가결한 물도 얼음의 형태로 지구에 가져왔다.[7]

로제타 프로젝트의 연구 책임자이자 스위스 베른Bern 대학교의 교수인 카트린 알트베그Kathrin Altwegg 에 따르면 혜성이 생명의 탄생에 필요한 모든 걸 포함하고 있을 수도 있다고 한다. 에너지를 제외하고는. (에너지가 존재하기엔 혜성이 너무 추웠다.) 글리신은 혜성에서 생긴 것은 아니고 태양계가 만들어지기 전에 존재했던 먼지구름 속에서 생긴 거라고 추측된다. 먼지 분자들은 유기 분자들이 생성되기에 적합한 장소였고 연구실의 실험을 통해서도 증명이 되었다.

당시의 지구는 연약한 아미노산들이 생성되기에는 너무나 뜨거운 곳이었다. 그러나 의외로 이를 통해 우리는 혜성이 가져오지 않은 것이 바로 유기 분자에서 생명체가 탄생할 수 있게 하는 에너지였다는 걸 알 수 있다. 유기 분자들은 서로 반응하기 위해 열에너지가 필요하다. 바로 그렇기 때문에 얼어붙은 유기분자들이 지구의 열과 만났을 때 생명체 시작의 시동을 켠 것이나 다름없었을 것이다.

이 '스타트업' 선물 보따리 혹은 얼어붙은 형태의 단세포 유기물들이 혜성이나 다른 천체와 함께 원시 지구에 도착했다. 우리는 유년기의 지구에 굉장한 규모의 폭격이 있었음을 알고 있고 이 폭격물 속에 물이 있었다는 것도 알고 있다. 여전히 우주에 존재하는 소행성이나 왜소행성 세레스Ceres 같은 천체들이 얼어붙은 물을 다량으로 함유하고 있다는 것도 알고 있다. 천체물질과의 충돌 몇 번으로도 지구는 오늘날 우리가 가진 만큼의 물을 실컷 만들어 냈을 것이다. 하지만 스타트업 선물 보따리가 개봉되기 전까지는 아주 오랜 시간이 걸렸다. 생명체가 생겨날 수 있기에 적당한 상황이 될 때까지 몇억 년 이상이 흘러가야만 했다. 지구의 표면이 차가워져야만 했고 지구 표면에 흐르는 물, 즉 바다를 형성하기 위해서는 증기들이 응축되어 비로 내렸어야 했다. 생명이 탄생한건 바로 바다가 있었기 때문이다.

생명체의 기본 재료들이 얼음과 함께 지구에 온 사실 말고도 놀라운 게 더 있다. 작열하는 지구에 충돌하며 녹아내린 얼음들은 생명이 발전하기도 전에 빙권으로 부활하게 된다. 생명과 빙권은 서로를 따라다니며 영향을 주고받아 왔다. 몇억 년의 시간 동안, 그러나 원시 지구에서 아주 느린 박자의 춤을 추며. 겨울의 왕국이 지구를 향해 최초의 눈송이를 날리기 전까지도 오랜 시간이 걸렸다.

# 첫눈

11월 말 별 먼지를 털어낼 때
별들이 성령강림절 때 더 깨끗하게 빛날 수 있도록,
하늘의 선반에서 떨어지는 곱슬곱슬한 생각들의
폭포 속에서 우리는 생각하게 된다,
카펫을 털어야 하고 빗자루질도 꼼꼼히 해야 하고,
작은 망상들도, 갑작스러운 희망도, 티켓들,
수치심도 없는 꿈들, 법적 요건, 반대 집회,
모두 다 구름들의 쓰레기봉투 처리장으로 빗겨져 내린다
11월의 어느 저녁에.

롤프 야콥슨Rolf Jacobsen의 시, 〈첫눈〉


첫눈은 언제 내렸을까?

  11월의 어느 저녁에 내리자마자 녹아 버린 그 첫눈 말고, 지구에 가장 첫 번째로 내린 첫 눈을 말하는 것이다. 준비조차 안 된 지구 위로 천천히 나부끼던 눈송이, 이상한 현상이 매해 겨울마다 반복될 거라고는 상상도 못했을 첫 눈. 눈송이 하나는 곧 친구를 잔뜩 만들었을 거고 점점 친구가 늘어나 어떤 애들은 여름 내내도 자리에서 떠나지 않아 빙권, 지구의 얼어붙은 지역의 시작을 만들었을 것이다.

눈은 가볍게 떨어지고 재빠르게 사라지는데 우리는 언제 첫눈이 내렸는지 알 수 있을까? 정확히 지구 역사 최초의 눈이 언제 떨어졌는지를 확정 짓기는 어렵다. 목격자가 아무도 없으니까.

(그럴 가능성도 의심스럽지만) 화석에 흔적을 남겨놓았다 한들 지구의 역사가 진행되는 동안 대륙이 너무 이사를 많이 다녔기 때문에 어디를 찾아봐야 할지조차 모르는 상황이다. 그래도 우리가 알 수 있는 건 언제 처음으로 눈이 오랫동안 쌓여 있다가 얼음인 빙하가 되었는가이다. 빙하에는 오늘날 우리가 산의 기반암에서 확인할 수 있는 흠집이 있다. 흠집은 육안으로 식별이 가능하고 정교한 수식을 이용하면 생성연대를 확정할 수 있다. 이는 암석의 여러 방사성 물질(동위원소isotope)이 산에 존재하기 때문인데 방사성 붕괴의 양을 측정하면 나이를 계산할 수 있다. 이는 다양한 암석의 반감기, 즉 얼마나 빠른 속도로 붕괴가 일어나는지를 알고 있기 때문에 가능한 일이다.

맥주 한 잔을 따라두고 시간이 얼마나 지나야 거품이 사라지는지 확인할 수 있는 것처럼 말이다. 만약 암석이 자성을 띤다면 연구자들은 자력의 방향을 확인하여 암석이 어떻게 움직였는지도 알아낼 수 있다. 지구는 자기장이 있는데 자기장은 여러 암석에다가 무늬를 만들어 놓는다.

초기 지구에 눈이 내리지 않았다는 건 꽤 확실한 사실이다. 앞서 말한 바대로 당시 지구는 오늘날의 태양보다도 더 뜨거웠다. 하지만 시간이 흐르며 태양계는 안정화되기 시작했고 지구는 우주에서 날아오는 폭격에서 벗어날 수 있게 되었다. 대기 중에 모인 수증기는 차가워졌고 비가 되어 내렸다. 우리가 무더운 여름날 소나기가 지난 후의 선선한 공기에서 느낄 수 있는 것처럼 비는 냉방 효과가 있다. 그리고 점차 지구는 차가워졌다. 점점 더 많은 증기가 액체로 변하면서 물웅덩이, 작은 호수가 만들어졌고 후에는 완전한 바다가 되었다. 동시에 대기 중의 증기는 줄어들고 오늘날 우리가 지구의 온기를 지켜준다고 학교에서 배운 '온실효과greenhouse effect'의 감소로 이어졌다.

 **온실효과**

이 현상이 온실효과라고 불리는 이유는 투명한 유리나 플라스틱 벽을 통해서 다량의 태양열이 들어오지만 밖으로 빠져나가는 정도는 낮은 온실의 상황과 비슷하기 때문이다.

이는 반사되는 복사 에너지의 파장 길이가 흡수할 때의 길이와 다르기 때문이다. 같은 현상이 지구의 대기에서도 발생하는데 대기 중에 존재하는 여러 가지 온실기체들의 농도변화가 온실효과의 규모를 결정한다. 온실효과는 지구의 온도를 높이는데 온실효과가 없다면 지구의 온도는 적어도 35도 이상 낮아지게 된다. 금성의 대기에서 강력한 온실효과의 결과를 볼 수 있는데, 금성의 대기는 96.5퍼센트 이상의 이산화탄소$CO_2$로 이루어져 있어서 온도가 467도나 된다.

지구에서 가장 중요한 온실기체는 사실 수증기이지만 가장 강력한 온실효과 증가의 원인으로 꼽히는 기체는 이산화탄소와 메탄$CH_4$이다. 얼음과 돌에 남아 있는 미세한 공기 방울을 연구한 결과는 지구의 역사를 거쳐오며 시기마다 이산화탄소와 메탄의 농도가 큰 차이를 지녔다는 걸 보여준다. 현재 온실효과의 주된 요인은 화석연료의 사용이라고 여겨지지만 이건 진실의 일부에 불과하다. 적어도 원시 지구의 생성 이후 십 억년 동안은 화석연료와 무관한 일이었다. 당시에 온실기체들은 화산이나 유사한 '환풍구'를 통해 지구의 내부에서 뿜어져 나왔고 화산 활동이 지구 초기 단계에서 활발했기 때문에 온실기체의 농도도 높았다. 따라서 당시 태양 에너지가 약했기 때문에 지구가 '추워졌어야만' 했을지라도 높은 온실기체 때문에 지구 생성 후 17억 동안은 빙하기가 없었을 것이다. 그러니 온실효과는 갑자기 생겨난 것은 아니고 주기에 따라선 오늘날보다 더 강했을 때도 있었다. 산업혁명 이전엔 200ppm(100만분의 1)이었던 이산화탄소의 농도가 오늘날 400ppm 이상으로 높아졌지만, 과거 지구의 한 시기엔 7000ppm의 농도였을 때도 있었다. 현재 우리가 온실효과에 대해 걱정하고 있는 이유는 역사적으로 빠른 증가속도 때문이고 이미 환경에 영향을 끼치고 있다고 생각하기 때문이다.

온실효과의 의미에 대한 좋은 실례는 우리의 이웃 행성인 금성과 화성이다. 금성에서 온실효과는 주체할 수 없을 정도로 강해서 행성의 표면의 온도가 너무나 뜨겁다 보니 생명체가 살 수 없다. 화성은 정반대 극단의 경우이다. 화성은 대기를 유지하기엔 무게가 너무 가벼워서 대기가 거의 없다시피하고, 따라서 온실효과도 없다. 화성의 평균기온은 영하 50도여서 생명이 살기에 딱히 적합한 곳은 아니다.

다시 지구 이야기로 돌아와 보면 지구가 얼마나 특별하게 운이 좋았고 이 양극단의 불행을 피할 수 있었는지 알게 된다. 우리 지구가 태양으로부터 딱 적당히 멀리 위치해 있어 적절한 온실효과를 유지할 수 있는 대기를 얻었기 때문에 가능했던 일이다. (태양에서 두번째로 가까운 금성은 온실효과가 날뛰어 행성 표면 온도가 400도를 넘는다!) 지구가 추워져 응축된 물 분자가 비가 아닌 눈으로 떨어지는 자연의 기적을 만들어낸 건 십 억 년 이상의 시간이 흐른 후였다. 오늘날보다 태양 복사 에너지가 아주 약했던 시기임에도 이렇게나 오래 걸린 이유는 수증기가 효과적인 온실가스였기 때문이다. 대기 속에 수증기가 다량으로 존재하기에 지구는 습도가 아주 높고 따뜻한 곳이었다. 하지만 이후에 수증기가 차가워짐에 따라 응축하여 비로 내리고, 자연스레 지구의 온도가 내려가서 물이 마침내 얼 수 있게 된 것이다. 그리고도 10억 년 정도가 더 지나고 나서야 드디어 최초의 눈이 떨어질 수 있었을 것이다.

눈은 대기의 높은 곳에서 탄생하며 주로 두 가지 상황에서 만들어진다. 바다에서 증발한 축축한 공기가 응결되고 캘리포니아의 시에라 네바다Sierra Nevada 같은 산맥을 만날 때, 혹은 온도가 높은 공기덩어리가 추위를 맞닥뜨릴 때이다.

두 경우에 모두 온도와 습도가 높은 공기가 차가워질 수 있는 고도에서 응결되며, 만약 대기 중에 핵이 될 수 있는 먼지 입자가 있다면 수증기가 눈 결정을 형성하기 시작한다. 이 과정은 0도일 때 자동적으로 일어나는 현상이 아니며 온도가 영상이어도 눈은 만들어질 수 있다. 또는 정반대의 경우도 있는데 노르웨이의 많은 운전자들은 경험해 봤을 것이다. 내려오는 비가 어는 점보다 온도가 낮은 땅을 만났을 때 땅에 닿자마자 얼어버리는 경우이다. 하당에르지방Hardanger의 사투리로는 유클라스프레트*juklasprett*라고 부르는데, 시각적으로 생생하게 어떻게 얼음이 땅에서 통통 튀어 오르는지를 목격할 수 있다. 뿐만 아니라 차량이 길 밖으로 미끄러지고 사람들이 넘어져서 골반이 부러지는 걸 볼 수도 있다.

셀 수 없을 정도로 많은 눈 결정의 사진을 본 적이 있다면 알겠지만, 눈 결정은 무한한 개수의 형태로 만들어질 수 있다. 형태를 결정하는 요인은 온도,

---

* 얼음, jøkule와 '통통 튀어 오르다'라는 뜻의 sprett로 이루어진 합성어의 사투리 — 역주

눈 결정 모양

습도, 바람 그리고 매우 희박한 우연의 조화이다. 눈 결정은 별, 다각형, 층, 기둥 혹은 면의 모습으로 보인다. 흩어진 형태일 수도 빽빽한 밀도일 수도 있다. 건조한 환경에서 발생하는 보통의 형태는 헥사곤Hexagon, 즉 육각형이다. 이러한 육각형의 얼음 알갱이가 반사되어 태양이나 달 주변에 반지 모양의 햇무리나 달무리를 만드는 것이다.

다른 물질처럼 눈 결정은 점차 늘어나는 경향이 있는데, 충분히 무게가 나가게 되면 떨어지기 시작한다. 보통은 땅에 도착하기도 전이나 지표면에 닿자마자 녹아버린다. 하지만 온도가 충분히 낮다면 눈 결정은 머무를 수 있다. 그리고 더 많은 양의 눈이 온다면 눈은 점차 쌓이기 시작한다. 눈이 얼마나 오래 쌓여 있는지는 온도와 얼마나 많은 양의 눈이 떨어질 수 있느냐에 따라 다르다. 눈은 눈 결정이 '제대로 자리 잡기'까지 쌓였다가 녹았다가 할 수 있다.

빙하의 반격

때로는 여름의 태양이 모든 눈을 녹여버리지 못할 때도 있고, '작년에 내린 눈'이 초기보다 더 빽빽하게 압축된 형태로 이듬해 겨울까지 자리 잡은 채로 머무를 수도 있다. 빙하는 이렇게 만들어진다.

눈 결정은 친척이 많다. 땅에 떨어지면서 부분적으로 얼어버리는 빗방울도 친척 중 하나인데, 노르웨이어로는 이를 슬루드Sludd, 진창이 된 눈이라고 부른다. 우박도 친척인데 우박은 한번도 눈 결정이 되진 못했지만 생성 초기부터 형태가 없는 얼음 알갱이였으며 적란운Cumulonimbus의 빙정핵Ice nucleus 주변에서 만들어진다. 또는 싸라기눈일 수 있는데 눈 결정이 부분적으로 해동되고 끝이 둥글어서 일종의 부스러진 쌀알인 싸라기처럼 되는 것이다. 그리고 비가 어는 점 이하의 온도를 가진 지표면의 나무, 풀, 전선이나 다른 구조물과 만났을 때 생성되는 눈 결정도 있는데, 이걸 서리라고 부른다. 물은 얼었을 때 다양한 형태를 지니게 된다.

이 아름다운 형태들은 단순히 아름답기만 한 것이 아니라 유용하기도 하다. 앞에서 눈 결정의 보온 능력에 대해 말한 적이 있지 않은가. 그뿐만 아니라 눈과 얼음은 여러 중요한 기능을 한다. 만약 눈과 얼음이 녹지 않고 쌓인다면 물이 그 자리에 머물게 되고, 물이 곧바로 흘러내려 가지 않도록 일시적이거나 장기간 물을 저장하게 된다. 눈의 형태든, 영구동토든 빙하얼음이든 간에 말이다. 때때로 이 저장 기능은 며칠간, 몇 주간, 혹은 겨우내 지속된다. 다른 경우에 저장된 물은 굉장히 오랜 시간 지속되기도 하는데 더 온화해진 기후로 녹아내리기 전까지 몇천 년의 세월 동안 유지되기도 한다. 다양한 지속 기간을 가진 얼어붙은 세상에서 발생하는 이 변환은 풍경을 형성하는 역동성이 있을 뿐만이 아니라 생명에도 영향을 미친다. 빙권의 거대한 변환이라는 장기간의 역사적인 관점에서, 가장 중요한 역할을 하는 눈의 특징은, 바로 눈이 하얗다는 것이다. 이는 태양 복사 에너지를 반사할 수 있는 특별한 능력을 선사한다. 갓 내린 눈의 경우 90퍼센트에 가까운 태양빛을 반사할 수 있다. 겨울절에 묵반구 지표면의 설반에 가까운 영역과 서대한 빙상, 해빙海氷과 얼음 빙하를 눈이 덮는다는 걸 생각해보면, 눈이 환경에 미치는 영향은 굉장히 커진다. 빛을 반사하는 정도를 나타내는 이른바 '알베도 효과Albedo effect'를 만드는 것이다.

바다 얼음과 눈으로 덮인 지역이 사라져서 알베도가 줄어들면 온도가 상승한다. 이는 대륙과 해양이 더 많은 태양열을 흡수하기 때문인데, 그렇기에 더 큰 규모로 얼음과 눈이 녹게 되고 이어서 온도가 더 상승하여 해빙解氷 속도가 빨라지는 일이 반복된다. 정반대의 과정도 발생한다. 눈이 많이 내리게 되면 알베도가 높아지고 더 많은 태양열이 반사된다. 그러면 온도가 하락하고 같은 과정이 반복된다. 이렇게 스스로 강화하는 영향(눈덩이 효과snowball effect)이 빙하기를 여러 차례 시작하게 만든 것이다.

 **알베도: 순백의 효과[8]**

빙권이 기후에 그렇게나 중요한 이유는 빙권이 하얀색이기 때문인데 라틴어로는 알베도Albedo라고 한다. 알베도라는 용어는 태양빛이 지표면에서 얼마나 반사되는지를 나타내는 비율이다. 태양으로부터 복사된 에너지는 파장 길이, 지표면의 특징, 어떤 각도로 지표면에서 반사되는지에 따라 달려있다. 지표면에서 반사되는 태양 복사 에너지의 양은 온도에 큰 영향을 미친다.

눈이 언덕에 쌓이면 알베도 효과가 높아진다. 건조하고 갓 내린 눈은 80에서 90퍼센

빙하의 반격

트 사이의 반사율을 보인다. 이 경우 우리는 갓 내린 눈은 0.8에서 0.9의 알베도 효과를 지닌다고 표현하는데, 알베도가 1일 경우는 태양 복사 에너지가 100퍼센트 반사된다는 뜻이다. 눈이 한 장소에 일정 시간 쌓여 있다가 조금씩 더럽혀지기 시작하면 효과는 줄어들지만 여전히 유의미한 알베도를 지닌다.

얼음이 전혀 없는 너른 바다가 0.06 정도의 알베도를 가지는 것에 반해서 바다 얼음은 0.5에서 0.7의 알베도를 지닌다. 즉, 바다에 얼음이 쌓이게 되면 알베도가 급격하게 증가하게 된다. 눈까지 온다면 상승폭은 더 크다. 얼음이 전혀 없는 너른 바다는 거의 모든 에너지를 태양으로부터 흡수하고 온도를 상승시키는 반면, 눈으로 덮인 바다 얼음은 대다수의 태양복사 에너지를 반사한다. 얼음이 적어지고 바다가 많아질수록 바다는 더 많은 태양 에너지를 흡수하게 되고 더 많은 얼음이 사라지게 만든다. 그러면 더 많은 태양열 흡수가 발생하고, 같은 과정이 연속적으로 발생한다. 식생 역시 알베도에 영향을 미친다. 황무지 숲은 0.08에서 0.15 사이의 알베도인데 거의 알베도가 없다고 말할 수 있다. 낙엽은 0.15에서 0.18의 알베도를 가지지만 푸른 풀들은 약 0.25의 알베도를 지닌다. 일반적으로 숲과 덤불이 늘어날수록 해를 가려 어두워지기에 알베도 효과는 약해지고, 풀들이 증가할수록 알베도는 높아진다.

알베도 효과는 얼마나 중요한 걸까? 오늘날 지구의 평균온도는 섭씨 15도 정도이다. 계산식에 의하면 만약 지구가 완전히 바다로만 덮여 있다면 알베도는 0.06으로 굉장히 낮을 것으로 본다. 그렇다면 지구의의 평균온도는 27도 정도가 될 것이다. 이렇게 지구의 온도가 현재보다 12도 높아진다면 지구의 대다수 지역은 사람이 살 수 없는 지역이 될 것이다. 만약 지구가 완전히 하얀빛으로 뒤덮인다면 알베도는 1에 가까워질 것이고 평균온도는 대략 영하 40도 정도로 떨어질 것이다.


눈과 얼음은 다른 방식으로도 환경에 영향을 주는데, 더 국지적으로 영향을 끼친다. 가을에 눈이 얼 때 얼음은 큰 양의 에너지를 방출하는데 주변 환경에 온열 효과를 준다. 실제 '그래야 하는' 것보다 더 따뜻하게 느끼도록 만드는 것이다. 봄에 눈과 얼음이 녹을 땐 정반대의 일이 일어난다. 이 경우엔 공기를 더 차갑게 만들기 위해서 큰 에너지가 필요하다. 가을과 봄 두 경우 모두, 눈은 일종의 온도계 역할을 하는데 온도변화가 원래 그랬어야 하는 양보다 더욱 천천히 발생하게 한다. 그리고 특별한 눈 결정의 구조 때문에 눈은 더 다채로운 특징을 지니게 된다. 그중 하나는 기본적으로 온도가 낮은 편인 눈은 사실은 가장 뛰어난 보온재라는 것이다.

그렇기 때문에 순록들이 눈 밑에서 얼어 있지 않은 순록이끼를 찾을 수 있는 것이고, 눈이 없는 겨울은 순록 방목업을 하는 사람들에게 악몽이 될 것이다. 내가 자랐던 고향의 이웃들이었던 순록치기들에게 말이다.

2부

라그나로크

이후의

세계

# 눈의 여왕이 사는 왕국에서

"눈이 천천히 공기 중에 흩어져 내려올 때,
그곳에선 세상 그 어떤 것도 눈처럼 고요하지 않다."

– 헬게 로데|Helge Rode

헬게 로데가 말한 것처럼 눈은 고요하다.

　내가 자랐던 60년대 집집마다, 또 길과 교통수단마다 충분한 거리가 떨어져 있는 핀마르크 고원의 겨울날에서처럼. 단지 내려올 때뿐만 아니라 쌓여갈때도 그렇다. 당신이 볼 수 있는 풍경을 덮어버릴 때도 마찬가지이다. 그 고요함은 소리가 없다는 것 이상의 의미였다. 소리는 존재했기 때문이다. 고요함의 소리. 마치 눈이 늘 그곳에서 평온하게 쌓여 있던 것만 같던 느낌이다. 우리가 늘 평온하게 지내왔던 건 아니었다.

　새벽녘 우리가 베스카데스에 도착했을 때 험한 날씨가 휘몰아쳤다.

채찍을 휘두르는 듯한 일직선으로 쏟아지는 눈보라가 산봉우리에서 윙윙 소리를 냈다.

우리는 폭풍에 맞서며 바람 반대 방향으로 부딪히며 걸었고 잠시 쉬어가야 만 했다.

1밀*의 힘든 여정 후에 순록들은 너무나 지쳤다.[9]

한겨울 알타 Alta 에서 카우토케이노 Kautokeino 로 가기 위해 베스카데스 Bæskades 산맥을 건너야만 할 적에, 윗글에서 노르달 그리그 Nordahl Grieg 가 그랬던 것처럼 순록을 타야만 했던 시절은 옛날 옛적이 아니다. 노르달 그리그가 목가적인 제목의 시 〈핀마르크 고원의 아침 Morgen over Finnmarksvidden〉 에서 묘사하는 것처럼, 날씨의 신이 자비롭지 않다면 절대로 쉬운 경험이 아니었을 것이다.

오늘날 여름 길이라면 차로 두 시간이 걸렸을 거리지만, 겨울에는 하루종일 혹은 이틀이 걸릴 수 있었는데, 그러다 보니 스키 트랙 주변에 쉬어갈 수 있는 여러 산장이 있다.

내가 어렸을 때 겨울에 베스카데스 산을 넘었을 때는 순록이 아닌 이상한 운송수단을 사용했다. 오늘날 스노모빌이라고 불리는 것의 일종이다. 일종의 탱크처럼 굴러가는 바퀴를 가진 기계였는데 대략 10명 정도가 동그랗게 쪼그리고 모여 앉을 수 있었다.

마치 배의 선실 안에 있는 동그란 창문처럼 코딱지만 한 둥근 창문을 통해

---

* 약 10킬로미터 — 역주

내가 하얀 풍경을 지나고 있다는 것 정도만 볼 수 있었다. 적어도 순록보다는 빠르게 이동할 수 있었고 스노모빌은 순록처럼 지치지도 않았다. 승객들은 비드요바게Biddjovagge나 수오로부오브메Suolovuobme의 산장에서 잠시 쉬며 커피 한 잔을 마실 수도 있었다.

얼마나 시간이 걸렸는지 잘 기억나지는 않지만 하루 대부분이 걸리는 여정이었다. 그런데 나는 왔다 갔다를 합치면 이틀이나 걸리는 이런 여행을 왜 갔을까? 고작 몇 시간이나 서서 추위에 덜덜 떨며 스케이트장에서 사람들이 빙글빙글 도는 걸 보기 위해서였다.

나는 당시 열 살이었고 특히 겨울이 되면 노르웨이에서 가장 고립되는 코뮌의 중심이었던 카우토케이노에서 살고 있었다.

그리고 (카라쇼크Karasjok와 치열한 경쟁 중이지만) 가장 추운 지역이기도 했는데, 겨울의 온도는 종종 영하 50도 밑으로도 떨어지곤 했다. 추위 따위야 내겐 별일 아니었지만 가끔은 추위를 기다리기도 했다. 영하 40도 이하로 내려갈 때면 학교에 안 가도 되었기 때문이다.

우리 가족은 1950년대 후반에 카우토케이노로 이사를 갔는데 그때는 알타로 가는 연중 내내 운영이 가능한 도로가 건설되기도 전이어서, 봄마다 몇 주 동안 작은 시골 마을이 고립되곤 했다.

봄철을 맞이해 녹아내리는 눈 때문에 차나 스노모빌을 운전할 수도 없었다. 눈이 스펀지처럼 퍽퍽 빠지는 상태여서 옴짝달싹 못하는 처지였고, 강이나 호수도 건널 수 있는 상황이 아니었는데 심지어 가벼운 순록조차 건너기를 포기해야 했다.

오늘날이었다면 이런 상황은 고립된 거주지를 헬리콥터로 촬영한 영상이

9시 뉴스 토픽으로 나왔을 거고, 국회의 상임위원회가 긴급회의를 열어 누가 이 고립상황에 책임을 져야 할지 공방이 일어났을 테지만, 당시엔 그게 당연한 세상이었다. 계절은 자신의 독보적인 리듬을 지니고 있었다. 가을이면 눈이 내리고*, 물은 얼고, 봄이 오면 모든 눈이 녹아내린다. 사람들은 자기가 살던 곳에 머무르며 긴급물자가 충분히 있기만을 바라던 시절이었다. 하지만 이건 인간에겐 이미 익숙해진 일이었다.

아주 어렸던 나는 더 나은 상황 따위는 알지 못했고 원래 세상이 이런가 보다 했다. 난 아이였기 때문에 상수도가 얼어붙었을 때 밖에 나가서 얼음이 깔린 연못이나 지천에서 물을 길어오는 등의 유쾌하지 않은 일과를 처리할 필요도 없었다. 이런 일들을 해야 했던 건 아버지였는데 어느 날 아버지는 설피를 잃어버리고 굴러떨어졌다. 얼음 밑으로 떨어졌는데 다시 얼음 위로 올라오기까지 오랜 시간을 손을 휘저으며 영하 30도의 물에서 흠뻑 젖은 채로 수영을 하며 버텼다.

아버지는 동사하지도 않고 병에 걸리지도 않은 채 집으로 돌아왔다. 노르웨이 북구에 사는 아버지의 세대 사람들이 얼마나 인내심이 강한지 보여주는 일이다. 추운 겨울날 출산을 위해 카우토케이노의 병원으로 눈 속을 걸어간 한 여자의 이야기도 같은 사실을 증명한다. 그녀는 제시간에 병원에 도착하지 못했고 길가에 높게 쌓인 둔덕에서 혼자 아이를 낳았다. 눈길 위에서의 출산한 후 그녀는 아이를 데리고 병원에 도착했고 산모와 아이 모두 무사했다는 이야기가 전해진다.

---

* 노르웨이는 가을부터 기온이 영하로 떨어지기도 한다. ― 편집자 주

나는 다행히 이런 경험들을 피할 수 있었다. 바람이 많이 불지 않거나 옷을 단단히 입고 빨리 걸어가지 않도록 조심만 한다면, 밖이 영하 50도였던 것도 꽤 괜찮았다. 내 인생에서 가장 추웠던 경험은 아마 스케이트장에서 몇 시간 동안이나 서서 덜덜 떨기 위해 알타로 갔을 때였다. 60년대에는 스케이트 선수가 위대한 영웅이었다. 당시만 해도 스케이트 경기는 자연 얼음 위에서 열렸고 크로스컨트리 선수들은 자연 눈 위에서 달렸다.

노르웨이는 겨울 강국이다. 그렇다, 진짜 겨울 국가 말이다. 제헌절 5월 17일엔 함박눈 속에서 국기를 흔들며 걸을 때면 〈영원한 눈을 향해 있는 국가가 여기 있네〉란 제목의 노래를 불렀다.

당시 영웅들 중 가장 위대한 사람은 프리드쇼프 난센Fridtjof Nansen 이다. 비행기도 없던 시절에 횡단이 가능할지도 알 수 없었던 상태로 그린란드를 스키로 건넜을 뿐만 아니라, 북극해에서 요행만을 바라며 몇 차례나 겨울을 보내야 했던 난센이다. 끝이 보이지 않는 핀마르크 고원에서 스키를 탈 때면 (당시 몇 년 동안은 일주일에 세 번만 학교에 가면 되었기 때문에 꽤 자주 스키를 탔다.) 나는 내가 그린란드 얼음을 건너는 난센인 듯한 상상을 했다. 물론 나는 끌고 다녀야 할 큰 짐도 없었고, 스키를 타는 몇 시간 동안 날씨가 고요할 것도 알았으며, 집에선 엄마가 따뜻한 핫초코를 만들고 기다리고 있었지만 그래도 나는 난센이었다. 저 지평선 너머엔 그린란드의 서쪽 해안과 명예가 기다리고 있었다.

고원을 넘는 일은 궁극의 행복을 경험하는 일이나 다름이 없었는데, 시야가 닿는 모든 방향으로 순백이 펼쳐져 있고 간간이 난쟁이 자작나무와 자작나무가 반점과 따옴표처럼 설원에 놓여 있었으며 뇌조와 산토끼의 흔적이 곳곳에

빙하의 반격

남아 있었다. 카우토케이노에서 살았던 덴마크의 오로라 연구자인 소푸스 트롬홀트Sophus Tromholt가 1883년 묘사한 바와 같은 풍경이었다.

듬성듬성 핀 자작나무 덤불은 앙상한 줄기로 가난한 언덕의 황무지를 장식한다. 덤불은 희망의 고운 빛깔을 새초롬하게 드러내는 암시처럼 서리와 눈의 가느다란 크리스털로 짜여진 하얀 망토를 쓴 자연과 어우러진다. 짧은 여름날의 강렬한 생은 모두 동면에 빠져들었다. 겨울이 마련한 자연의 침대 위에 놓인 가벼운 거위 이불 같은 눈 위엔 바람조차 감히 스치지 못한다. 공기조차 잠에 빠진 듯하다. 바람은 정찰하듯 휘돌며 소리를 내지만 귓가에 닿는 유일한 소리는 바람의 영혼이 내뱉는 숨소리뿐이다. 눈가에 닿는 유일한 풍경은 눈이 소복이 덮인 언덕의 일정한 능선뿐이다.[10]

스노우 스쿠터가 고원의 평온함을 망쳐놓기 전이었고 몇 킬로미터를 가더라도 주변에서 아주 미세한 소리만 들을 수 있던 시절이었다. 스키가 움직이는 소리, 스키 폴이 눈을 찍는 소리뿐이었다.

다각도의 방향에서 내리쬐는 태양빛과 눈 결정에 반사되는 빛 때문에 나는 얼굴 전체에 화상을 입었는데 당시 나는 선크림의 개념을 몰랐기 때문에 불평할 처지도 아니었다. 내가 살면서 경험한 그 어떤 자연과의 조우도 겨울옷으로 단장한 핀마르크 고원을 능가하지 못한다. 하지만 나는 아직까지 스키를 타고 그린란드나 북극을 횡단해 본 적은 없고, 앞으로도 절대 그런 시도는 하지 않기로 스스로 합의했다. 그렇기 때문에 나는 겨울의 왕국에 대해 기본적으로 긍정적인 마음을 품고 있다. 이런 점에서 나는 세계적인 관점에서는 꽤 소수자 그룹에 속한다.

그린란드를 횡단하는 텐트 투어에 6만 크로네*를 기꺼이 지불하는 유형의 사람들을 포함해서.

그렇다 보니 겨울의 왕국을 향한 긍정적인 경험들을 가진 나에게는 안데르센H.C. Andersen과 루이스C.S. Lewis가 그랬듯이 겨울의 왕국을 무섭고 위험하고 악의 기운이 머무는 곳으로 묘사하는 동화나 이야기가 이상하다.

안데르센의 책에서는 악랄한 눈의 여왕이 아이들을 납치해서 북쪽의 겨울 왕국으로 데려가는데 내 고향의 이웃들인 유목민 사미족처럼 순록을 타고 여행을 한다. 동화에서 소년 카이는 악랄한 여왕에게 납치되어 북쪽에 위치한 그녀의 얼음 궁전에 도착하게 되고 소년의 친구인 게르다는 그를 구출하기 위한 여정을 떠난다. 루이스의 나니아 연대기에서는 하얀 마녀가 마법을 걸어서 나니아를 생명을 밝게 비춰 줄 크리스마스조차 없는 영원한 겨울로 만들어 버린다. 이는 오늘날의 아이들에게도 디즈니 영화 〈겨울왕국〉으로 익숙한 모티브와 배경이다. 이런 이야기는 분명 겨울이 주는 긍정적인 면을 한번도 경험해 보지 못한 채 겨울을 짜증 난다고 여기는 국가에서 태어난 사람들이 썼을 것이다. 눈이 길가에 쌓이고 사람들이 얼음 위에 넘어져서 팔과 다리가 부러지는 그런 겨울만 본 사람들 말이다.

아가사 크리스티Agatha Christie나 요 네스뵈Jo Nesbø 같은 범죄 스릴러 작가들이 불쾌함을 묘사하고자 할 때도 추위는 인기 많은 세트장이다. 눈은 끔찍한 범죄가 발생하기 적합한 무대이다. 범죄 은닉용 카펫처럼 땅에 쌓인 눈이

---

* 약 한화 800만 원 ─ 역주

범죄의 흔적을 감춰주기 때문에 눈은 자주 범죄자의 편을 들어준다. 또한 눈, 얼음, 추위가 냉혈한의 행동을 쉽게 연상시키기 때문이기도 하다.

핀마르크 고원처럼 추운 진짜배기 겨울을 나야 하는 러시아에서는 눈과 추위에 대해 조금은 다른 관점을 가질 것 같기도 하다. 역사적으로 겨울이 두 번이나 국가를 구했기 때문이다. 한 번은 나폴레옹Napoleon에게서, 그다음엔 히틀러Hitler에게서 말이다.

두 경우 모두 몇천 명이나 되는 자기의 군사들이 무자비한 러시아 고원에서 얼어 죽는 모습을 봐야 했다. 러시아 사람들에겐 서리*는 할아버지가 아름다운 손녀, 눈의 아가씨 스네구로치카Snegurotsjka에게 산타처럼 선물을 주는 게 이상하지 않을 것이다.

어떤 이는 안데르센이 동화《눈의 여왕》을 집필할 때 북유럽의 여신 스카디Skadi에게서 영감을 받았다고 주장한다. 스카디는 요툰jotun**이지만 바다신 뇨르드Njord와의 결혼으로 아스æser***에 속하게 되었다. 스카디는 추운 산맥을 가장 좋아했고 스키의 여신이었기 때문에 바다신과의 결혼생활이 순탄치 않았다. 하지만 그들의 혼인 관계는 북유럽 신화에서 세상이 추위(니플헤임Nivlheim)와 열기(무스펠스헤임Muspellsheim, 강렬한 불길이 타오르는 바다)의 만남에서부터 탄생했다. 니플헤임과 무스펠스헤임 사이에는 바닥이 보이지 않을 정도로 거대한 골짜기인 긴눙가가프Ginnungagap가 있다. 불과 얼음

---

* frost, 서리 혹은 추위 — 역주
** 북유럽 신화의 거인족 — 역주
*** 북유럽 신화의 신족 — 역주

의 만남이 이루어진 곳이 바로 이곳이다. 태초의 시작이기도 한 긴눙가가프는 라그나로크* 이후 세계가 재창조되는 곳이다. 하지만 극한의 지역인 니플헤임과 니플헤임의 후예인 요튼족은 악랄한 존재로 묘사되곤 한다. 북유럽 신화에서 요분족이 없었다면 세계가 창조되지 못했을 거라고 인정하면서도 말이다.

동화작가나 범죄소설 작가들이 겨울의 왕국과 연결짓곤 하는 악랄함은 어쩌면 인류 대이동 시기의 북유럽 신화에 기원을 두고 있을지도 모른다. 고대의 북유럽 신화와 영웅 신화들은 어떻게 선함을 대표하는 신족이 악랄한 거인족들과 맞서 싸웠는지를 묘사한다. 물론 가끔 거인족과 신족이 서로 사랑에 빠지기도 했으니 극악무도할 정도로 악랄한 건 아니었을 것이다. 거인족인 요튼과 여성 거인인 귀르그가 겨울의 왕국에서 왔다는 것은 이름을 통해서도 추위와 서리가 의인화되었음을 유추할 수 있다.

노르웨이의 전설에서는 요쿨Jokul(빙하)의 아들인 눈Snø의 왕 1세(고대 노르드어로 스네르Snær 혹은 스뇨르Snjó)는 아들 토레Torre(된서리)와 딸인 폰Fonn(눈 무더기), 폴Mjoll(땅에 날리는 눈), 드리바Driva(눈보라)를 낳았다. 자식들의 이름은 단어의 기원을 통해 볼 때 모두 눈의 다양한 형태를 유추하게 하지만 신화에서는 딱히 중요한 역할을 하지 않고 중간중간 살짝 등장하는 정도다.

신화에서는 눈의 왕 1세가 핀란드Finland의 왕이었는데, 이때 핀란드는 스칸디나비아의 북쪽을 의미하고 몹시 춥고 눈이 많다는 것 외에는 자세히 묘사

---

* 북유럽 신화에서의 종말 — 역주

빙하의 반격

되지 않는다. 그리고 핀인Finn, 사미인Sami, 크벤인kvener 등 여러 민족이 살았다고 전해지는데 사실상 누가 정확히 어느 민족인지는 파악하기 어렵다.

언급했다시피 전설들은 작은 부분만 전해지기 때문에 고대의 노르드족Norse이 천지창조를 어떻게 인식하고 있었는지를 더 잘 이해하기 위해서는 현대의 신화 전문가인 토르 오게 브링스배르드Tor Åge Bringsværd의 해석을 참조해야만 한다.

태초에 추위와 열기가 있었다. 한쪽 끝엔 서리와 안개로 가득한 니플헤임이 있었다. 다른 편엔 강렬한 불길이 타오르는 바다인 무스펠스헤임이 있었다. 두 공간 사이에는 무가 존재했다. 단지 바닥이 보이지 않을 정도로 거대한 절벽 긴눙가가프가 있었다. 빛과 어둠 사이에 존재하는 태초의 텅 빈 공간인 바로 이곳에서 생명이 탄생하게 된다. 얼음과 불이 만나게 되고 … 추위와 열기가 만나 천천히 눈이 녹기 시작하고 열기 속에서 생명이 깨어나기 시작했으며 이상한 존재, 거대한 트롤trol이 탄생했다. 그의 이름은 위미르Ymer였다. 전에 존재한 적 없던 거인이었다.[11]

녹아내리는 얼음에서 전혀 다른 것도 탄생하였는데 젖소 아우드후물라Audhumla였다. 위미르는 아우드후물라의 젖을 먹고 자랐으며 아우드후물라는 주변의 끈적하고 짠 돌을 핥아먹었다. 그러자 새로운 창조의 신비가 시작된다.

돌을 핥던 젖소는 돌 속에서 긴 머리카락을 발견했다! 다음날 돌 위로 머리가 등장했고 얼굴도 드러났다. 세 번째 날에 젖소는 그의 신체 전체를 핥아내는 데 성공했다. … 한 남자가 있었다. 그는 크고 아름다웠다. 그의 이름은 부리였고 그는 우리가 아스라고 부르는 신족의 시조가 되었다.

위미르는 땀을 흘려서 스스로 자식을 낳았는데 요툰이라고 불리는 서리 거인rimtussene의 시조가 되었다.

아스와 요툰은 어느 정도 갈등 관계이기도 하고 어느 정도는 공생하기도 했다. 열기와 추위의 관계와 비슷하게 말이다. 결국 아스족은 요툰에 대항하여 맞서 싸우고 위미르를 죽이게 된다.

아스는 죽은 위미르의 시체를 텅 빈 공간인 긴눙가가프에서 끌어냈다. 그를 협곡의 뚜껑처럼 눕혀 놓았다. 거인 위미르의 시체에서 세계가 창조되었다. 그의 피는 바다가 되었다. 몸체는 대지가 되었다. 관절뼈는 산과 골짜기가 되었다. 치아와 부서진 뼛조각들은 바위와 돌무더기가 되었다. 머리카락은 나무와 풀이 되었다. 그의 뇌는 공중으로 높이 던져졌다. 그렇게 구름이 생겨났다. 그리고 두개골은 하늘이 되었다. … 두개골은 창조된 모든 걸 뒤덮는 돔 지붕처럼 놓였다. 신들이 열기로 가득한 무스펠헤임에서 불꽃을 붙잡아 하늘에 붙여 두었다. 불꽃은 여전히 하늘에 매달려 반짝거린다.

이렇게 열기와 추위 사이의 갈등에서 세계와 피조물이 탄생하였다. 신화가 얼음과 불의 영향을 크게 받는 나라인 아이슬란드Iceland에서 쓰였다는 건 어쩌면 당연한 일일 것이다.

신화의 내용은 오늘날 현대 과학으로 발견한 이야기들과 영 동떨어진 이야기도 아니다. 유기물 분자를 지닌 얼음덩어리가 작열하는 지구에 충돌하였고 그렇게 생명이 탄생했으니까.

그래도 핀마르크 고원은 하얀 마녀의 영원한 겨울과 다른 한 가지가 있었다. 겨울은 늘 끝이 난다는 것이다. 비록 5월까지는 버텨냈지만 매 여름 눈은 녹았고, 한번 녹기 시작하면 빠른 속도로 녹았다. 봄에 볼 수 있는 장관은 지금은 알타강으로 이름이 바뀐, 거대한 카우토케이노강Kautokeinoelva의 얼음이 해동될 때였다.

얼음이 갈라지며 위로 솟았고 커다란 부빙이 주변에 나뒹굴었다. 심지어 얼음이 육지까지 굴러올 때면 거대한 힘이 흔들리고 있단 걸 직접 목격할 수 있었다. 다행히도 얼음의 밀쳐내기를 견딜 수 있을 정도로 견고하게 건설된 다리 위에서 이 광경을 구경하는 건 안전했다. 봄이 되어 녹아내리는 현상은 소리 없는 울부짖음이 아니었는데 이 지점에서 난센의 경험을 아주 가까이에서 체험하게 된다. 난센은 북극해에서 업힌 얼음, 빙구빙hummocked ice이 발생했을 때의 경험을 기술한 적이 있으니까.

처음으로 들린 건 천둥 치는 듯한 굉음이었는데 마치 저 멀리 거대한 사막에서 발생한 지진 같았다. 그리고 여러 방향으로 굉음이 퍼져나가기 시작했고 소리는 점점 더 가까워졌다. 고요했던 얼음의 세상이 쾅쾅대는 소리로 울려 퍼져나가 마치 자연의 요툰이 전투를 위해 깨어나는 듯했다. 얼음은 모든 방향으로 갈라지기 시작하며 뒤집혔다. 단 한 번의 요동으로도 당신은 갑자기 갈라지고 뒤집히는 얼음 사이에 갇혀버리게 될 것이다. 윙윙거리고 으르렁거리는 얼음이 당신을 감싸고 있을 때, 발밑에서 진동하고 삐걱삐걱 거리는 걸 느끼게 된다. 평온은 더 이상 존재하지 않는다.[12]

그러나 결국 평온은 찾아온다. 강은 알타를 향해 물길을 흘려보내게 되고 사람들은 뱃놀이를 즐길 수 있다. 차가운 겨울이 지난 강 주변의 언덕에서는 식물들이 고개를 내밀기 시작한다. 푸른빛이 감돌기까지는 오랜 시간이 필요하지 않다.

백야는 광합성이 활발하도록 돕고 식생의 성장은 밤낮으로 지속될 수 있다. 족히 한 달만 지나면 겨울철엔 차를 타고 건넜던 강에서 수영도 할 수 있게 된다. 그리고 무지막지한 첫 여름비가 지나가고 나면 침략이 시작된다. 10억 마리의 모기 군단의 침략이. 그곳에서 자랐던 우리는 어느 정도 모기 물림엔 면역력이 있다. 그러나 그렇다고 해서 모기들이 신체 기관의 모든 구멍이란 구멍으로 밀려 들어와 숨쉬기조차 어렵게 만드는 일까지 견딜 수 있는 건 아니었다. 가장 최악은 핀마르크 고원의 과수원이라 할 수 있는 호로딸기 늪이다. 내가 여름마다 아르바이트를 했던 곳이다. 그래도 모기의 습격이 주는 선물이 하나 있었다. 가을이, 또 겨울의 서리가 마치 해방으로 느끼게 만들었다는 것이다.

완전 하얀빛이었다가 거의 완연한 녹색으로 바뀌는, 계절마다 반복되던 완전한 변화는 우리 북쪽에 사는 사람들만이 느낄 수 있는 것이다. 남쪽으로 내려가면 온도와 습도만 바뀌는데 우기가 건기를 끝내면 식생의 색깔은 어느 정도로만 바뀌기 때문이다.

남쪽에 사는 사람은 이곳 북쪽처럼 하얀 겨울과 초록의 여름이 완전히 달라지는 걸 경험하지는 못할 것이다. 돌변하는 계절을 경험하며 자란 우리는 계절의 변화를 갈망하고, 관련된 노래를 부르고, 모든 자연이 경험하는 일일 거라고 생각하며 산다. 적어도 과거에는 그랬다.

# 눈 밑의 생명

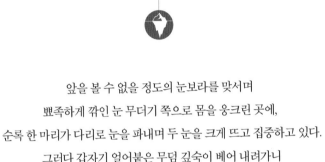

앞을 볼 수 없을 정도의 눈보라를 맞서며
뾰족하게 깎인 눈 무더기 쪽으로 몸을 웅크린 곳에,
순록 한 마리가 다리로 눈을 파내며 두 눈을 크게 뜨고 집중하고 있다.
그러다 갑자기 얼어붙은 무덤 깊숙이 베어 내려가니
빛 하나가 주둥이를 향해 튀어 오른다, 청록색의 이끼 덩어리가.

노르달 그리그Nordahl Grieg[13]

노르달 그리그는 핀마르크 고원으로 짧은 여정을 다녀왔을 뿐이지만 가장 중요한 경험을 했다. 어떻게 생명체가, 이 경우엔 순록이, 겨울의 왕국에서 살아남을 수 있는지를 말이다. 황무지처럼 자비 따위는 없어 보이는 곳이지만 눈 밑엔 사실 생명이 살고 있다. 순록이 가장 좋아하는 먹이인 순록이끼가 그 예이다.

순록은 영구동토층permafrost이 가장 큰 규모로 위치한 노르웨이 북쪽에 사

빙하의 반격

람이 살 수 있는 이유이다. 영구동토층은 여름에도 눈이 완전히 녹지 않고 가장 윗부분인 활성층에만 살짝 해동되는 지역을 가리킨다. 활성층 밑에는 지속적으로 얼어붙어 있는데, 그 때문에 순록이끼, 칼루나Heather, 난쟁이 자작나무를 제외한 다른 식생은 자라기가 어렵다. 인간은 마지막 빙하기 후에 순록을 사냥하기 위해 순록을 따라 북쪽으로 이동했다. 순록 사냥은 빙하기 때도 했던 일이지만 유럽의 더 남쪽에서 사냥을 했었다. 사냥의 흔적은 피레네Pyrenees산맥 근처에서 자주 발견되는 다수의 암석 벽화에 남아 있는데, 벽화에서는 순록과 인류가 빙하기 때 공생했음을 보여준다.

몇백 년 전에 사미인(다수의 주장에 따르면 북유럽에 살기 시작한 최초의 인류)은 순록을 사냥하는 대신 길들이기 시작했다.

이 말의 뜻은 그들이 매년 반복되는 순록들의 이동길을 따라 움직이며 유목 생활을 했다는 것이다. 겨울에는 순록이끼가 많아 먹이를 구할 수 있는 고원에서 머물고, 봄이 되면 목초지가 있는 해안가로 이동하고, 가을엔 다시 고원으로 돌아오는 방식이다. 순록은 절대로 완전하게 길들여지진 않지만, 차차 인류에게 적응하기 시작했다. 이렇게 인류학자들이 말하는 반半 유목의 생활 방식이 시작되었다. 두 곳의 고정된 방목지를 두고 계절에 맞춰 동물의 이동길을 따라다니며 여름엔 이 방목지에서 살고 겨울엔 다른 방목지에 머무는 것이다. 이동패턴은 이제 확고히 자리 잡았다. 순록 목축업을 하는 사미들은 겨울과 여름에 쓸 수 있는 집이 각각 있지만, 매해 봄과 가을엔 말 그대로 이동하며 산다. 호수와 강의 얼음이 언제 녹을지 가늠할 수 없는 봄철이면 특히 유목 생활이 어렵다. 때로는 위험한 일이기도 하다. 특히 순록에겐 더욱 그렇다. 이유는 순록 떼의 이동에서 얼음처럼 차가운 호수를 어느 정도 수영하며 건너야 하는 경우가 생기는데, 이러한 이동 중에는 위기 상황이 자주 발생하기 때문이다.

옛날의 교과서가 가르쳤던 내용과는 반대로 오늘날엔 이런 생활을 하는 '유목 사미인'은 극히 드물다.

대다수의 사미인은 농부나 어부로 살기도 하고, 간호조무사, 굴착기 운전 기능사, 교사, 신문사 편집장, 백수, 연금 생활자, 의류 디자이너 등 평범한 생활을 한다. 하지만 유목 생활을 하는 사미인은 전형적인 사미이고 다방면에서 전통적인 문화의 특성을 잘 보존하고 있는 사미이다. 사미 문화에서 가장 중요한 것은 순록 목축이기에 목축을 하기 위해 필요한 생활용품도 사미 문화의 특징을 보여준다. 라브부Lavvu(이동 중 사용하는 텐트), 옷, 물류를 운송하는 도구들은 순록의 가죽, 뿔, 뼈로 만들어졌다. 부활절에 열리는 전통적인 순록 달리기 경주, 순록 연골 요리 축제, 순록 뿔에 밧줄 던지기도 사미만의 문화이다. 예술의 영감이 되기도 하는 순록 목축업은 유명한 사미 예술가인 존 사브비오John Savvio, 이베르 옥스Iver Jåks, 닐스 아슬락 발케아포Nils Aslak Valkeapää 의 작품에서 예시를 찾을 수 있다.

순록을 생업으로 하고, 순록과 함께 살면서 연중 두 차례 이동하는 사미에게 순록은 알파와 오메가다. 단어 그대로의 알파와 오메가를 준다는 의미이다. 순록은 그들에게 필요한 모든 걸 제공해왔다. 가장 중요한 건 의류이다. 겨울에 사미인은 스칼레르skaller라는 신발을 신는데, 순록의 털가죽으로 만든다. 여름에는 순록의 가죽으로 만들었지만 털이 밖으로 나와 있지 않은 코마게르komager를 신거나 70년대 얼터너티프 운동 시기에 유행을 탄 적 있는 가죽 장화인 비에크소에르bieksoer를 신는다. 밖이 적당히 춥다면 페스

빙하의 반격

켄pesken이라 불리는 모피 외투를 착용한다. 바늘, 빗 등의 도구들은 과거에는 순록의 뿔과 뼈로 만들었다. 식사메뉴의 대부분은 순록 고기로 채워지는데, 씹기 쉽도록 뜨거운 블랙커피에 담가 먹는 말린 순록 고기가 주메뉴이다. 잔치용 음식은 끓인 연골이거나 순록 고기 수프인 비도스bidos이다.

순록 고기는 사미인이 돈을 벌 수 있는 수단이기도 하다. 전에는 순록 소유자가 직접 도축을 했지만 오늘날엔 자기가 스스로 먹을 순록을 제외하고는 도축장으로 데려간다. 마지막으로 순록의 중요한 기능은 썰매나 수레를 순록 뒤에 달아서 운송수단으로 사용할 수 있다는 것이다. 물론 눈이 내렸을 때만. 여름철에 순록은 대부분의 시간을 자유롭게 보낸다. 여름에도 아주 가끔 운송할 때도 있다. 겨울철에 도로와 다리와 상관없이 순록은 이상적인 교통수단이 된다. 순록을 교통수단으로 삼으면 고원 전체를 길처럼 사용할 수 있기 때문이다.

다른 측면에서도 눈은 순록의 생존에 필수요소이다. 순록은 밖의 기온이 얼마나 낮든 간에 보온기능으로 인해 꽁꽁 얼어붙지 않는 눈 밑의 땅을 파내서 겨울철의 주된 먹이를 찾아낸다. 바로 순록이끼이다. 순록의 삶은 완전히 눈과, 눈의 특출난 보온 능력에 의지하고 있는 것이다. 눈이 없었다면 순록이끼는 곧바로 얼어버렸을 것이고 순록은 굶주리게 될 것이다. 눈이 부족한 겨울철에 종종 일어나는 일이다. 눈이 적게 오는 겨울엔 순록이끼 위로 얼음이 깔리기 때문에 순록이 먹을 게 없어진다.

얼어붙은 순록이끼는 TV 프로그램 촬영을 중단시켰던 적도 있다. 2017년 봄 노르웨이의 국영방송 NRK는 순록과 사미인의 대이동을 촬영하는 '슬로우 TV'를 만들려고 했다. 하지만 순록은 이동하지 않았다. 이유는 따뜻한 시기에 녹아버린 눈이 얼어버려서 얼음이 되었기 때문이다. 그러다 보니 순록은 순록이끼를 구하기가 어려웠다. 따라서 이동을 미룬 채 눈이 다시 녹아서 순록이끼를 먹을 수 있을 때까지 한 장소에서 머물렀다. 마치 순록은 당장 이동한다면 얼마나 고단한 여정이 될지 미리 알고 있는 듯했다. 순록 떼가 언제 이동을 할 수 있을지 결정하는 건 바로 순록치기 개였는데, 촬영팀은 가만히 기다리는 것 외엔 달리 방도가 없었다.

순록에게 눈은 신이 주신 선물이고, 마찬가지로 눈은 고원에서 사는 사람에게도 선물이다. 눈은 도로 사정과 무관하게 스키를 타든 순록을 타든 이동을 가능하게 해준다.

닐스 가웁Nils Gaup이 영화 〈패스파인더Pathfinder〉에서 묘사한 것처럼 사미인은 아마도 노르웨이에서 최초로 스키를 탄 사람들일 것이다. 영화에서 사미인들은 스키를 타고 다니지만, 슈데르tsjuder라고 불리는 설원의 악당들은 눈 위를 두 발로 밟으며 다닌다. 알스타드하우그와 알타 지역에서는 스키를 타고 다니는 사람들을 그린 몇천 년 전의 암석화도 발견되었다. 1994년 릴레하메르 동계올림픽에서 엠블럼으로 쓰인 스키선수들의 모습도 이 암석화에서 영감을 받았다.

프리드쇼프 난센도 사미인들의 스키 실력을 익히 알고 있었기에 스키를 타고 그린란드를 횡단할 때 올레 닐슨 라브나Ole Nilsen Ravna와 사무엘 발토Samuel Balto라는 두 명의 사미인을 데리고 갔었다. 1883년 그린란드 빙상을 간 핀란드-스웨덴인 아돌프 에릭 노르덴쉬욀드Adolf Erik Nordenskiöld도 사미인을 합류시켰고, 노르웨이 탐험가 카르스텐 보르크그레빙크Carsten E. Borchrevink가 1900년 남극으로 원정을 떠날 때도 사미인과 동행했다. 보르크그레빙크와 함

빙하의 반격

께 남극에 간 사미인 두 명의 이름은 페르 사비오Per Savio와 올레 무스트Ole Must였는데, 바로 이들이 남극대륙에서 밤을 보낸 최초의 인류이다. 이 둘이 특히 탐험가 정신이 뛰어나서 그랬던 것은 아니다. 급격히 험해진 날씨 탓에 배가 육지 가까이 있으면 침몰할 가능성이 커 배를 바다로 보내야만 했기에 그들은 남극대륙에 남아야만 했다.

스키나 순록을 타든, 아니면 오늘날 대다수의 사미인이 그러듯이 스노우 스쿠터를 타든, 사미인이 눈을 잘 다룰 줄 안다는 건 핀마르크 고원에서 자란 나도 아이였을 때부터 알았던 것이다. (물론 요즘이야 사미인들도 현대적 스키가 있다만) 심지어 단순한 발 조이개에 스칼레르 털신을 구겨 넣는 스키처럼 전통적인 도구를 쓰더라도, 내가 사미인을 스키로 따라잡는 일은 쉽지 않았다. 지금은 알게 되었지만 당시에 내가 몰랐던 것은 사미인이 눈에 관련하여 엄청나게 풍부한 어휘가 있다는 것이다. 그들의 언어까지도 겨울의 왕국에서의 삶에 적응한 것이다.

# 눈을 뜻하는 백 개 이상의 단어

나이 든 사미인들은 여전히 아침마다 밤사이에
어떤 종류의 눈이 내렸는지를 확인하고 토론하고
이유를 탐구하는 습관을 가지고 있다.

윙그베 뤼Yngve Ryd,《눈 – 순록치기 요한 라싸는 말했다》중


많은 사람들은 이누이트(에스키모)들이 눈을 뜻하는 100개 이상의 어휘를
가지고 있는지 아닌지에 대한 논쟁에 대해 들어보았을 것이다. 인류학자나 언
어학자들은 의구심을 표하고, 원주민의 문화적 전통에 대해 로맨틱한 묘사처
럼 받아들인다. 이누이트의 눈과 관련된 어휘와 관련하여 무엇이 진실인지 내
가 알 수는 없지만, 그래도 눈과 얼음과 가까이 접촉하며 살아가는 사람들이
라면 눈에 대해 자세한 어휘력이 필요할 수밖에 없을 거라고 생각한다. 반면
내가 확신할 수 있는 건 눈에 관해 100개 이상의 단어를 지닌 민족이 존재한
다는 것이다. 그 민족은 내가 핀마르크 고원에서 함께 자라났던 사람들이다.

연구자 닐스 야른스레튼Nils Jernsletten[14]과 언어학 교수 올레 헨릭 막가Ole Henrik Magga[15](노르웨이 사미의회의 첫 번째 의장이자 소수민족 정치인으로 더 알려지긴 했지만), 잉에르 마리에 가웁 아이라Inger Marie Gaup Eira[16]는 사미어의 눈 용어집을 모아서 분석했다. 막가에 따르면 북부 사미어(가장 흔히 쓰이는 사미어)의 경우 눈과 얼음을 어간으로 하는 단어가 175개에서 180개 정도라고 한다. 네아드까Njeadgga가 동력을 받아 움직이는 눈을 뜻하는 명사라고 한다면 동사 네아드가트njeadgat는 눈을 움직인다는 뜻을 갖고, 형용사 네아드기njeadgi는 눈이 움직이게 만드는 힘을 발생시키는 날씨의 종류를 의미하는 것처럼, 접사, 활용, 어간의 변용 등을 다 고려하면 단어 수는 대략 1000개 정도가 된다고 한다.

이는 스웨덴의 룰레달렌Luledalen 지역의 이름을 따라 불리는 룰레 사미어lulesamisk 같은 다른 사미어의 경우에도 마찬가지이다. 1921년 요크모크Jokkmokk의 라브부에서 태어난 순록치기 요한 라싸Johan Rassa는 사프미Sápmi 지역(룰레 사미어lulesamisk에서는 사브메Sábme라고 불리는)에서 눈에 대한 지식과 전통을 가장 잘 알고 있는 마지막 후손 중의 하나다. 작가 윙그베 뤼Yngve Ryd는 룰레 사미어로 눈을 표현하는 어휘에 대해서 라싸와 이야기를 나누기 위해 다섯 해의 겨울을 보냈다. 그에게 배운 어휘를 모아《눈 – 순록치기 요한 라싸는 말했다》라는 책을 발간했다. 책은 눈, 얼음과 관련 있는 300개 이상의 단어를 설명하고 어떠한 맥락에서 쓰여지는 지도 기술해 두었다. 이러한 다채로운 용어는 순록사미인이 연중 7~8개월 동안 쌓여 있는 눈에 적응하기 위한 방편 중 하나였다. 윙그베 뤼는 이렇게 말한다. "눈과 얼음에 대해 특히 상세히 발전된 지식은 순록 목축을 했던 역사와 관련이 있다. 날씨, 바람, 눈은 일상적 대화 주제였다."[17]

눈에 대한 지식이 중요했던 이유는 포괄적인 어휘의 뜻에 반영되어 있다. 얼마나 많이 눈이 왔는지, 어떤 종류의 눈인지 등이 사람과 동물의 거주 조건을 가혹하게 바꿀 수 있기 때문이다. 잉그베 뤼는 "인간이 눈과 얼음에 의존해야 하는 정도는 양극단을 넘나든다.

이런 사정이 다양한 어휘의 발전을 이끌었을 것이다. 눈은 몇백 미터조차 이동하기 어렵게 만들기도 하고, 1밀*까지 편하게 스키를 타고 쌩쌩 달리게도 한다"라고 말한다. 눈과 눈의 상태에 대해 사용할 수 있는 많은 단어가 존재한다는 것은 여러 가지 상황에서 다양한 시각으로 눈에 대해 말해왔기 때문이다. 눈의 객관적이고 물리적인 규모가 논의 주제였던 것이 아니고, 오히려 사미인이 마주치고 사용하고 적응해야만 하는 눈 자체가 논의 대상이었던 것이다. 가을과 겨울에 내려서 봄이 올 때까지 겨우내 쌓여 있는 눈에 대한 것이었다. 눈이 사람과 동물에게 어떤 영향을 미치는지 그들의 움직임과 방목을 어떻게 제한하는지에 대한 일이었다. 즉, 눈을 겪어 본 실생활의 경험을 통해 성장한 어휘이다.

순록과 순록치기에게 눈의 상태가 이토록 중요한 이유는 여러 가지이다. 우선 1년 중 대개의 시간 동안 순록은 눈을 파내서 앞서 언급한 먹이인 순록이끼를 찾아야 한다. 그러려면 순록이 파낼 수 있을 만한 눈이 있어야만 한다. 눈이 녹았다가 금방 얼어버리고 말면 눈을 파내는 일이 어려워진다.

눈은 결정 내부와 공간 사이마다 공기를 머금고 있기 때문에 뛰어난 보온재

---

* 약 10킬로미터 — 역주

이다. 눈 속의 공기가 충분할 때 얼음과 얼음에 가까운 눈들은 전혀 다른 물질이 된다. 눈은 순록과 인간이 어떻게 이동할지를 결정한다. 어떤 종류의 눈에서는 움직이는 것조차 불가능해지고, 다른 종류의 눈에선 이동이 놀이나 다름없을 정도로 간편해진다. 그리고 이는 순록과 사람들에게만 해당하는 문제가 아니다. 늑대나 울버린 같은 야생 동물도 눈 상태에 크게 영향을 받기 때문에 순록치기는 이 점 또한 고려해야 한다. 순록과 늑대가 잘 살 수 있는 눈은 다른 종류의 눈이다.

눈의 성질이나 모양은 계절마다 변화하고, 그렇기에 우리는 가을 눈, 겨울 눈, 여름 눈이라는 어휘를 사용한다.

산악 사미인들에게는 사실 여덟 개의 계절이 존재한다. 가을, 가을겨울, 겨울, 겨울봄, 봄, 봄여름, 여름 그리고 여름가을. 그리고 크게 보면 이 여덟 개의 계절을 결정하는 요인은 눈의 상태이다. 겨울도 종류가 여러 가지다. 예를 들자면 눈이 두껍게 쌓여서 모두에게 악몽이 되는 겨울인 가싸달브베Gassadálvve도 있고 눈이 적게 온 겨울을 의미하는 세까알브베sekkadálvve도 있다. 스카르카달브베Skárkkadálvve라는 단어는 얼음에 가까운 눈이 순록이끼 위에 꽝꽝 얼어붙은 겨울을 뜻한다.[18]

일 년 내내 눈은 변화하고, 언제 또 어떻게 눈이 쌓이는지에 따라 다른 단어가 사용된다. 지표면에서 녹아내리지 않고 봄까지 쌓여 있게 되는 첫눈은 달브베부오도dálvvevuodo라고 부른다.

언덕에 쌓이는 많은 양의 두께가 얇은 눈은 비에라biera라고 부른다. 눈 위에서 이동하는 게 가능해지는 첫눈은 도아브게doavgge라고 부른다. 눈이 40센티미터 이상 내렸다면, 겨울 눈인 알브베무오흐타dálvvemuohta라고 부를 수 있다. 뤼에 따르면 이 눈은 "이제 충분하니 눈이 더 오지는 않았으면 좋겠다."라는 뜻을 내포한다. 눈의 상태에 맞추어 지형도 새로운 단어를 얻는다. 눈이 많이 온 지역은 앗사다흐카atsádahka 혹은 줄여서 앗사트atsát 라고 한다. 앗사트의 정반대말은 세카스sekkas 이고 눈이 직게 온 지역을 뜻한다. 유목 장소를 정할 때나 순록 방목지를 계획하고 결정할 때 이렇게 지형을 구별할 줄 아는 게 좋다.[19]

눈에 대한 전문 용어는 사람과의 관계인지 순록과의 관계인지에 따라 다른 조건들이 개입하기 때문에 크게 달라진다.

만약 사람이 기준점이라면 가마무오흐타gámamuohta 라는 단어가 있는데, 번역하자면 신발 눈이다. 이때의 눈은 양이 적어서 살짝 신발 위로 올라올 정도로 쌓였다는 의미이다. 부오타무오흐타vuottamuohta는 신발 끝까지 올라오는 눈이다. 바르가 부올브바이vargga buolvvaj는 거의 옷까지 닿을 정도의 눈이다. 부올브바무오흐타buolvvamuohta 는 무릎 정도까지 쌓인 눈이지만, 바다라즈무오흐타badárádjmuohta 는 등까지 쌓인 눈이다. 진짜 눈의 양이 엄청나다면 지에다부올모흐타giedavuolmohta 라는 단어를 쓰는데 겨드랑이 바로 밑까지 눈이 쌓일 경우이다. 하지만 인간에게 가장 중요한 눈은 치베무오흐타tjibbemuohta 인데 종아리 정도까지 오는 높이이고, 눈의 깊이가 도아브게 정도일 때이다. 뤼는 치베무오흐타가 올 때면 중요한 일이 생긴다고 한다. "치베무오흐타가 내렸으니 이제 더이상 걸어 다닐 수는 없다. 스키를 꺼내야 한다."[20]

순록을 기준점으로 두었을 때의 눈에 관련된 어휘는 달라진다. 가장 중요한 단어는 치에브테무오흐타tjievttjemuohta 인데 눈이 순록의 뒷다리 무릎까지 쌓였을 때이다. 도아브게보다는 조금 더 내린 눈인데 최대 40센티미터까지 높은 정도다. 치에브테무오흐타가 내렸을 때 순록은 발굽으로 언덕을 오를 수 있다. 그래서 순록이 여전히 잘 걸을 수 있고 물건을 꽤 쉽게 나를 수 있다. 도알리doalli라는 단어는 눈에 남겨진 발자국을 눈이 덮어 감춰버릴 때의 눈을 뜻한다. 발자국이 만든 길이 사라져도 순록은 좀 더 이동하기 쉬운 길이 있는 방향을 찾는 감각이 있긴 하다.

눈이 떨어질 때도 여러 종류의 단어가 존재한다. 눈송이 한 개를 의미하는 단어는 무오흐타잘메muohtatjalme인데 '눈의 눈snow's eye'이라고 번역할 수 있다. 크기가 크고 부드러운 눈송이는 치홋세벨라가tsihtsebelaga라고 부르지만, 겨울에 내리는 가장 건조하고 가벼운 눈은 하블렉habllek이라고 부른다. 눈송이는 크기는 크지만 무게가 가벼워서 잘 떨어지지 않을 때도 있다.

사람은 이런 눈을 잘 견딜 수 있지만 동물에게는 위험한 일인데 동물들이 사실상 숨쉬기가 어려울 수도 있다. 그래서 하블렉이 오면 여우 사냥을 떠나는 일이 흔하다. 전에 쌓인 눈 위로 쌓이는 25밀리미터나 50밀리미터 정도의 갓 내린 눈은 바훗사vahtsa라고 한다. 로아훗떼loahtte는 폭설을 뜻하는데 20센티미터나 그 이상일 경우이다. 라르깟larkkat은 완전 건조한 눈이 내리다가 갑자기 눈이 멈췄을 때 쓰는 단어이다. 최악의 눈은 비와 섞인 눈인데 슬랍뜨세slabttse라고 부른다. 최악인 이유는 건조한 눈처럼 빗질하기가 쉽지 않고 옷과 여기저기에 달라붙다 보니 옷이 젖기 때문이다.

눈은 쌓인 후로도 많은 변화를 겪는데, 변화가 생기면 이름도 바뀐다. 얇고 약간 얼음에 가까운 언덕 위의 눈은 스카르따skártta라고 부른다.[21] 탈싸Tjals-sa는 젖은 눈인데 내리자마자 육지에서 바로 얼어버린다. 언덕 주위에 이런 눈이 내리다 보면 나중에는 쇠나쉬sänásj가 되는 데, 굵은 소금처럼 생겼고 크고 거친 얼음 모양의 곡물처럼 된 눈을 뜻한다.

눈은 치에브베tsievve가 되기도 하는데 순록이 눈을 파낼 수 없을 정도로 딱딱해진 눈이다. 눈이 이런 상태일 때 사람은 스키 없이도 다닐 수 있고 순록도 쌩쌩 달릴 수 있지만, 오보다흐카åbådahka 또는 오보트åbåt는 두껍게 쌓인 겨울 눈이 심각하게 부드럽고 뭉치지 않아 있을 때를 뜻한다. 오보트눈 위에서는 이동하는 일이 완전 어렵다. 옛날에는 오보트일 때 인간이 사냥을 떠나곤 했는데 늑대가 쉽게 체력적으로 지치는 시기이기 때문이다. 다하파다흐카dáhapádahka는 눈길의 상태가 너무나 안 좋아서 인간이 전혀 옴짝달싹 못하는 상태를 뜻한다. 시에블라siebla는 흔한 봄 현상으로 언덕의 밑 부분까지 완전 흠뻑 젖어 있는 진창이 된 눈을 뜻한다.

시에블라하에서는 스키도 바닥으로 푹푹 꺼지기 때문에 어떤 것도 이동할 수 없다. 시에블라가 얼어붙으면 챠르브바tjarvva가 되는 데 완전히 얼어붙은 딱딱한 눈의 표층이 된다.

하지만 이동 가능성만 중요한 건 아니다. 사냥은 과거에도 지금도 산악 사미인들의 생존 양식에서 필수적이기 때문에 사냥꾼들에게 안전하게 스키를 타는 일은 중요할 수밖에 없다. 스키가 부드럽고 안전하게 미끄러지게 하는 눈길을 뜻하는 단어는 룰레사미어로 리나다흐카linádahka라고 한다.

산악 사미인에게는 얼음도 다양한 어휘가 있다. 언덕, 강, 얼은 호수 위를 이동하는 일은 그들의 세상에서 생과 사를 가르는 일이나 다름없다. 그러니 인간과 순록이 이동할 수 있을 법한 얼음을 뜻하는 단어가 필요하다. 가을철 호수 위에 아주 얇게 깔리는 얼음은 가브따gabdda라고 부른다. 1밀리리터의 두께도 안되는 얼음이다. 알마쉬지에그나almasjjiegna는 '민족 얼음'이란 뜻인데 사람이 발로 걸어 다닐 수 있는 얼음이고 회스타지에그나hässtajiegna는 말이 이동할 수 있는 얼음이다.[22]

　문화적으로 전승되어 온 다른 지식들과 마찬가지로 사미어에서 눈을 지칭하는 전문용어들은 사라지고 있다. 더 적은 인구가 순록 목축업에 종사하고 현대의 순록치기들이 순록보다는 스노우 스쿠터를 사용하다 보니 구식인 지식을 굳이 사용할 필요가 없을 거라고 느낄 수도 있다. 하지만 눈사태 등이 야기하는 스노우 스쿠터 사고들이 잦다는 건 순록치기들이 전통적인 눈 지식을 이용하는 일이 장점이 될 수 있다는 뜻이기도 하다. 스노우 스쿠터를 타도 되는 얼음을 뜻하는 특정한 단어가 있다면 도움이 되지 않았을까? 노르웨이 크로스컨트리 국가 대표팀에서 일하는 스키 왁스 전문가도 사미어 눈 어휘 수업을 들으면 좋지 않을까? 눈 상태에 적합한 왁스를 제대로 고르지 않아서 선수의 기량이 충분히 발휘되지 않는 사건을 막기 위해서라도?

　하지만 전통적이고 세분화된 어휘가 사라지고 있다는 것보다 더 중요한 이슈가 있다.

　사라지는 건 어휘뿐만이 아니라 삶의 터전이라는 것이다. 사미인의 거주지이자 사미어가 묘사하는 눈의 여왕이 사는 세상이 사라지고 있다.

# 얼음의 흔적
## 얼어있던 우리 과거의 발견

시베리아의 북쪽 해안에 갔을 때 모든 곳에서 나는 빙하기의 흔적을 찾았다.
8월 21일 노르웨이의 라인섬의 해안가에서 썰물로 인해
말라 있는 바위에서 긁힌 흔적을 발견했다.
타이미르섬에서는 둥둥 떠다니는 얼음덩어리가 도처에 보였다.
더 북쪽으로는 첼류스킨 곶의 동쪽에서도 얼음덩어리가 떠다니는 것을 보았다.

프리드쇼프 난센[23]

나는 학교에 가기 위해 10대 초반에 핀마르크 고원을 떠나야만 했다. 그리고 다시는 고향으로 돌아가지 않았다. 처음으로 이사한 곳은 얼음 바다의 도시인 트롬쇠였는데 그곳에서 빙권의 다른 얼굴을 보게 되었다. 거친 눈 폭풍과 끝없는 폭설을 경험했기 때문이다. 겨울마다 적설량이 너무 많아 길에 쌓인 눈을 치우는 것 자체를 포기해야만 했다. 차라리 집 문까지 이어지는 눈 터널을

파내는 게 나았다. 이런 상황은 4월까지도 지속되곤 했다. 대신 트롬쇠는 환상적인 스키장이었다. 특히 스키 트랙 위에서 바라보는 바다의 풍경은 그야말로 절경이었다. 트롬쇠에서는 빙권이 지닌 최상과 최악의 얼굴을 마주하게 된다. 어떤 경우이든 너무하다 싶을 때도 있지만, 눈을 좋아하는 사람이라면 꽤 괜찮은 일이다. 눈을 좋아하지 않는 사람이라면 그냥 도시를 떠나버리고 만다.

이후 노르웨이의 서쪽 지역 Vestlandet으로 이사를 가게 되었다. 노르웨이의 서쪽에서는 눈과 얼음이 이따끔 한 번 정도 경험하는 일이다. 그러다 보니 가장 예측할 수 없는 고충은 도로에 눈과 얼음이 생기는 것이다. 그리고 눈과 얼음이 나타날 때마다 매번 똑같이 놀라곤 한다. 다행히도 1년 중 단 며칠 정도만 발생하는 일이기 때문에 겨울용 타이어로 바꾸는 대신에 운전을 포기하는 게 낫다. 이렇듯 노르웨이 서쪽 해안가에서 눈과 얼음은 그저 별 상관없는 일에 불과하다. 사실 이건 신기한 일이다. 특히 소수이긴 해도 스키 애호가에게 눈과 얼음은 관심이 갈 만한 일이고, 브릭스달빙하 Briksdalsbreen 를 가까이서 보려고 노르피오르 Nordfjord 까지 크루즈를 타고 방문하는 몇천 명이나 되는 관광객에게도 매한가지다.

나는 스키 애호가도 관광객도 아니다. 눈과 얼음은 나와 무관했다. 나는 빙권과는 이제 끝난 사이라고 생각했고 내가 여전히 빙권 주변에서 머문다는 사실도 인지 못하고 있었다. 나는 서쪽의 자연경관이 얼음 때문에 형성되었다는 걸 깨닫지 못했다. 특색있고 세계적으로도 유명한 피오르, 협곡, 엉뚱한 곳에 위치한 거대 바위 모두 얼음의 작품이다. 그리고 이 사실에 까막눈이었던 건 나뿐만이 아니다. 사람들은 몇천 년간 이 사실을 모르고도, 몇백 년간 여기를 구경하러 다녔다. 이 자연경관이 원래부터 그랬으려니 하고 당연히 생각했으며 어쩌다 생긴 것인지도 묻지 않았다.

1800년대 중반까지 우리는 빙하가 U자 모양의 계곡을 깎아내고 계곡 바닥에 비옥한 토양을 만들어 놓은 게 빙하라는 사실을 전혀 몰랐다. 여기에 과거 언젠가 빙하가 있었다는 상상조차 하지 못했다. 1800년대까지 가장 중요한 역사책이었던 성경엔 빙하에 관한 이야기가 없었다. 다수는 지구가 6000살이라고 믿었다. 빙하기라는 개념은 전혀 알려지지도 않았다.

이 땅에 설명이 필요한 뭔가 이상한 게 있단 걸 발견한 사람은 덴마크에서 이주해 온 사람이었다. 어마어마한 바위가 산등성이 위에 균형을 잡고 서 있었는데 바위가 제 발로 산까지 찾아왔을 리는 없었다. 바위는 언덕 위로 걸어 올라가진 않는다. 또 큰 규모로 이어지는 바위와 돌들의 능선이 계곡 밑에 쌓여 있었다. 대체 누가, 아니면 무엇이 돌무더기를 모아둔 걸까?

옌스 에스마르크 Jens Esmark(1763-1839)는 노르웨이의 곳곳을 여행하며 곰곰이 이런 생각에 빠졌다. 콩스베르그 Kongsberg에서 일하기 위해 노르웨이에 온 에스마르크는 암석학을 공부한 사람이었다. 암석학은 그가 노르웨이에 방문했던 1700년대 말에 지질학을 뜻하던 말이다. 콩스베르그는 중요한 광산 도시였다. 에스마르크는 여기에서 암석학 수업을 강의했다. 콩스베르그의 산업이 1805년 몰락하게 되자 그는 크리스티아니아 Christiania*로 이사를 갔다. 수도에서 그는 1811년 설립된 노르웨이 최초의 대학교에서 최초의 암석학 교수가 되었다.[24]

그가 콩스베르그에 거주했을 때부터 이미 도처를 여행하며 노르웨이의 산

---

* 노르웨이 수도 오슬로의 과거 이름 — 역주

악 지형에 대해 잘 알고 있었다. 그는 최초로 스노헤타Snøhetta와 가우스타토펜Gaustatoppen의 정상을 등정한 사람일 것이고, 기압을 재는 바로미터로 산의 높이를 측정했다. 그는 측정을 통해 가우스타토펜이 노르웨이에서 가장 높은 산이 아니라는 걸 증명했고 많은 사람들이 놀랄 만한 일이었다. 가우스타토펜은 스노헤타보다 고도가 낮았으며 그 후 한 스노헤타가 '노르웨이의 지붕'으로 여겨지게 되었다.*

노르웨이 지질지형도를 파악하기 위해 떠난 여정에서 에스마르크는 로갈란드Rogaland 지역의 뤼세피오르Lysefjorden를 방문했다. 그곳 호수인 하우칼리바트넷Haukalivatnet의 끝부분에서 말단빙퇴석을 발견했는데 오늘날의 우리가 과거 빙하가 있었다는 걸 알고 있는 지역이다. 에스마르크가 1823년 이 이론을 발표하기 전에는 그 누구도 지질의 형성이 과거 빙하가 있었기 때문이라고는 생각하지 못했다. 그는 다른 장소에서도 비슷한 빙하의 흔적을 발견했다. 그리고 과거에는 스칸디나비아 전체에 빙하가 있었고 바로 빙하가 노르웨이의 유명한 자연경관의 지형적 특색을 만들었다는 이론을 논문으로 발표했다.

에스마르크는 1826년에 영어로도 논문을 발표했지만 당시엔 크게 주목을 받지 못했다. 그러나 에든버러Edinburgh에서 다윈의 스승이기도 했던 저명한 교수 로버트 제임슨Robert Jameson이 에스마르크의 주장에 대해 강의했고, 그 때부터 그의 아이디어가 점차 퍼져나갔을 것으로 보인다. 제임슨이 알고 지

---

* 이후 정밀 측정을 통해 갈회피겐(Galdhøpiggen)이 스노헤타보다 높다는 것이 밝혀져 현재 노르웨이의 지붕이 바뀌게 되었다 — 역주

내던 사람 중에는 스위스의 자연 과학자 루이 아가시Louis Agassiz, 1807-1873도 있었다. 아가시가 제임슨을 통해 에스마르크의 아이디어를 접하게 되었다는 증거는 없지만 제임슨이 아가시에게 해당 내용을 전해주지 않았을 가능성은 희박하다. 아가시의 영어권 출판권자가 바로 제임슨이었다.

에스마르크가 역사책의 뒤안길로 잊혀짐과 동시에, 빙하기 이론을 창안했다는 명성을 얻게 된 사람은 아가시이다. 과학 분야에서는 흔히 있는 일이다. 아이디어를 얻은 사람이 명성을 얻는 것이 아니라 더 큰 규모의 대중에게 처음으로 이론을 퍼트린 사람이 누구인지가 중요하다. 1837년 스위스 네샤텔에서의 유명한 강의를 통해 아가시가 그랬던 것처럼 말이다. 빙하기 이론은 과학연구 분야에서 큰 파도를 불러일으켰고 회의적인 시각으로 질타받기도 했다. (아가시의 스승이기도 했던) 저명한 독일의 자연 과학자 알렉산더 본 홈볼트Alexander von Humboldt 같은 당대 인정받던 연구자들도 그의 이론을 가차 없이 비판했었다. 하지만 연구자료는 빙하이론을 뒷받침했으며 달리 다른 방법으로 설명할 수도 없는 일이었다.[25]

스위스 사람이다 보니 알프스Alps에 대해 잘 알고 있었을 아가시는 노르웨이에서 에스마르크가 목격한 현상과 같은 일이 알프스에도 있단 걸 알아챘다. 산등성이 꼭대기 위에 뜬금없이 놓여있는 거대한 바위라던지 빙퇴석 융기 등을 통해서 말이다. 아가시는 어떻게 현대의 빙하가 이런 종류의 암석을 이동시켰을지와 어떻게 빙퇴석 바위와 자갈을 만들었을지를 고찰해 보았다. 또한 그는 암석지의 긁힌 상처가 한 방향 혹은 같은 방향으로 쓸렸다는 것도 발견했는데 마치 누군가가 커다란 도구로 산을 깎아 놓은 듯했다.

아가시는 어떻게 빙하가 산 위에 놓여있는 작은 빙하들보다도 훨씬 넓은 면적으로 존재했었을지 유추해보았다. 그는 그의 친구였던 괴짜 독일 식물학자 카를 쉼퍼Karl Schimper가 1837년에 쓴 시에서 특별한 단어와 마주친다. 그 단어는 바로 '빙하기Ice age'였다. 아가시는 더 많은 표본을 수집하여 1840년에 혁명적인 이론을 발표한다. 유럽 대부분이 지역, 어쩌면 지구의 다른 부분들도 과거 언젠가 얼음으로 덮여 있었다고 한다면 상당한 지질 지형의 형성과정을 설명할 수 있다는 주장이었다. 아가시의 표현을 직접 빌리자면 이렇다.

"내 생각에는 잘 알려진 지질학적 현상과 관련한 여러 요인들을 설명할 수 있는 유일한 방법은 … 지구가 거대한 빙상으로 덮여 있었다. 빙상은 시베리아의 매머드mammoth를 묻히게 했고, 부적절한 곳에 위치한 거대한 바위가 있는 남쪽까지 퍼져나갔다."[26]

아가시는 여기에서 매머드를 인용한다. 툰드라tundra에서 발견된 잘 보존된 상태의 매머드는 당대 큰 반향을 일으켰기 때문이다. 잘 냉동된 거대한 크기의 동물의 사체는 그가 제안한 이론에 신뢰성을 더했다. 사람들은 코끼리를 찾았다고 생각했고 구약성서에 기술된 대로 대홍수에 의해 북쪽으로 쓸려 내려갔다고 여겼다. 하지만 프랑스의 동물학자 조지 퀴비에Georges Cuvier, 1769-1832는 매머드가 특히 북극의 추운 환경에 적응한 독립된 종이란 걸 증명했다.

(성경의 내용과 상반되기 때문에, 또 그때는 다윈이 진화론을 제기하기 전이었기에) 강렬한 저항에도 불구하고 아가시의 이론은 점차 받아들여졌다. 그제서야 많은 흔적들이 육안으로 식별 가능했고 거의 전 지역에서 보게 되었다. 빙퇴석, 있을 법하지 않은 곳에 위치한 바위, 긁힌 상처 그리고 노르웨이에 있는 것과 같은 U자 모양 계곡 혹은 피오르 등을 말이다. 북아메리카, 뉴질

랜드 같은 지구의 다른 지역에서도 같은 종류의 흔적들이 드러났다. 예전에는 거짓 역사로 주장되었던 빙하가 어떻게 확장하고 퇴각하는지에 대한 옛날 이야기는 다시 고개를 들기 시작했다. 아가시는 미국으로 이주한 후 학자로서 큰 명성을 얻게 되고 하버드대의 교수가 되었다. 새로운 고향에서 그는 북아메리카 역시 빙하기를 겪었다는 걸 보여주는 다량의 흔적을 보게 되었다. 미국의 남부까지 빙하의 흔적이 있었다. 빙하가 녹으면서 갑자기 형성된 거대한 호수는 아가시 호수라는 이름도 얻었다.

이후 일련의 특별한 방법을 동원하여 우리는 빙하기가 단 한 번이 아니라 여러 차례 있었다는 걸 발견했다. 특히 지난 8억 년 동안 지구는 얼었다가 녹는 과정을 반복하며 일정한 주기를 가진 춤을 춰왔다. 단순히 지난 80만 년간만 보더라도 아홉 차례의 빙하기 현상이 있었다. 이는 최초로 영국 학자 니콜라스 섀클턴Nicholas Shackleton 이 해저의 퇴적물을 분석했을 때 증명되었고, 후에는 덴마크의 학자 빌리 단스고르드스Willi Dansgaards가 그린란드에서 시추한 빙하코어를 통해서 보강되었다. 각기 다른 원자량을 지닌 산소 동위원소비는 수온과 해수면 변화에 따라 변한다는 사실을 이용하여 증명이 되었다. 이 방법을 통해 지난 빙하기 시기에 기후가 어떻게 변했는지 시기별 주기를 알아내었다. 분석 결과 지구는 지난 100만 년의 시간 동안 현재 우리가 살고 있는 기온보다 훨씬 더 추운 시기였던 빙하기를 수차례 겪었음을 알게 되었다. 태양 복사 에너지가 증가했어도 지구의 전체의 온도는 낮아졌다. 그리고 이렇게 밝혀진 패턴을 보면, 사실 우리는 이제 빙하기로 돌아가야 할 시간이 왔을지도 모른다. 하지만 우리가 지금 지구에 하는 짓을 보면 빙하기가 올 시기인지 확신하기가 어렵다.

빙하의 반격

# 빙하기의 원인은 무엇일까?

한기와 온기 사이를 오가는 변화는 왜 생길까? 지구의 온도는 기본적으로 태양빛이 결정하는 게 아닌가? 46억 년 동안 지구는 태양 주변을 공전해왔고 태양 에너지는 30퍼센트씩이나 증가해왔다. 그러니 태양으로부터 더 많은 온기가 온다면 빙하기는 일어나지 말았어야 하는 게 아닌가?

이유를 찾기 위해 많은 추측과 연구가 있어왔는데 특히 최근의 지구 온난화 덕에 더욱 활발한 연구주제가 되고 있다. 모두가 동의할 수밖에 없는 답 중 하나는 세르비아Serbia의 기술자 밀루틴 밀란코비치Milutin Milankovic가 주장한 내용인데, 온도변화와 지구 자전축의 주기적 변화 사이의 상관관계이다. 지구에서 태양까지의 거리와 지구의 기울기 축, 둘 다가 영향을 미친다.

계절의 변화는 지구의 자전축이 태양으로부터 완전한 직각이 아니기 때문에 나타난다. 지구는 보통 22.1에서 24.5도 사이에서 기울어진 채 공전을 하기 때문에 북반구에 겨울이 오면 북극엔 태양빛이 닿지 않는다. (우리가 '흑야'

라고 부르는 시기에 북극권에서는 태양이 뜨지 않는다.) 북반구에 여름이 오면 마찬가지로 북극은 태양 방향을 향하고 있기 때문에 태양이 지지 않는다. (이른바 백야현상으로 불린다.) 북반구가 겨울일 때 남반구는 여름이고, 북반구에 여름이 오면 남반구는 겨울이다. 적도 주변은 여름이든 겨울이든 큰 차이가 없다.

지구의 축이 기울어져 있기에 계절의 차이가 생기는 일은 장기간의 주기로도 변화할 수 있다. 태양 주변을 도는 지구의 궤도가 달라지는 게 지구의 기후가 짧은 간빙기를 두고 빙하기로 진입했다가 간빙기가 되었다가 하는 이유이다. (지구는 태양 주변을 원이 아니라 타원형으로 돌고 있다.) 밀란코비치는 이 현상이 3개의 주기를 두고 발생한다고 하였다. 조금 혼란스러울 수 있는 부분이니 핵심만 짚자면, 지구의 자전은 세 가지 종류의 변화가 있고 이 요인들로 지구의 기후가 변한다는 것이다.

첫 번째 요인은 태양 주변을 도는 지구의 궤도가 타원형이기 때문에 이심률*이 변한다는 것이다. 궤도는 때때로 원형에 가깝기도 하고 때로는 더 완만한 타원이 되기도 한다. 이심률 변화의 주기는 10만 년에서 40만 년이다. 두 번째 요인은 4만 1000년 주기로 발생하는데 지구 자전축의 경사(얼마나 지구가 기울어져 있는지)가 22.1도에서 24.5도 폭으로 변화한다는 것이다. 하지만 이 두 번째 요인은 1만 9000년에서 2만 3000년**을 주기를 갖는 세 번째 요인에 영향을 받는다. 쉽게 말하면 팽이의 중심축이 속도에 따라서 변하는 모습

---

* 물체의 운동이 원운동에서 벗어난 정도를 뜻한다. — 편집자 주
** 약 2만 6000년을 주기로 갖는다고 이야기하기도 한다. — 편집자 주

에 비유할 수 있다. 지구의 북극에 위치하는 북극성은 작은곰자리인 폴라리스Polaris 이지만 1만 1000년 후에는 베가가 북극성이 될 것이다.

이러한 변화는 북반구와 남반구에 작지만 아주 중요한 온도차를 만들었다. 연구자들은 온도 차가 지구가 그간 겪어왔던 급격한 기후 변화 자체를 야기할 만큼으로 크지 않았을지라도, 빙하기를 촉발했을 것이라고 주장한다. 온도차가 야기한 현상을 강화시킨 다른 영향들도 발생했다는 걸 말해야 하는 대목이다. 점차 우리는 지표면과 대기의 변화하는 관계성이 기후에 영향을 미쳐왔다는 걸 알게 되었다. 지구는 거대하고 죽어있는 돌덩어리가 아니다. 지구는 지금도 때때로 물질들을 뿜어내는 따뜻한 핵을 품고 있고 움직이는 대륙들, 지표면 대부분을 덮은 바다, 공기와 대기를 지니고 있다. 이 모든 건 변동하는 시스템이어서 서로에게는 물론이고 기후에도 영향을 끼치게 되는 복잡한 기후 변화 피드백 작용의 상호 작용 메커니즘이다. 연구자들은 아직도 이 메커니즘이 어떤 영향을 미칠지 완전히 파악하지 못했다.

지구의 시스템이 불러일으키는 영향들은 최근에 많이 이야기되는 온실효과이다. 바위와 얼음 안에 남아 있는 공기 방울을 연구해보니 온실가스의 농축량이 지구의 역사를 거치며 점차 증가해왔음이 밝혀졌다. 오늘날 우리는 온실효과의 주된 요인이 탄소의 연소라고 생각하지만, 이건 진실의 일부일 뿐이다. 적어도 지구 역사 초기의 십억 년간의 원인은 아니었다. 당시엔 지구의 내부로부터 화산이나 여타의 '환풍기'를 통해 가스들이 방출되었다. 원시 지구 때는 화산 활동이 활발했기 때문에 온실가스의 농축도 또한 높았다. 아마도 그렇기 때문에 당시 태양의 힘이 약해서 지구가 더 '차가워져야' 했음에도 불구하고, 지구 역사 초기 17억 년간은 빙하기가 오지 않았을 것으로 보인다.

그러니 온실효과는 전혀 새로운 현상은 아니고 과거 어느 시점에선 지금보다 훨씬 더 강력했을 때도 있었다.

또 다른 중요한 요인은 대류의 움직임인데, 이걸 대류이동이라고 한다. 지구가 차가워짐에 따라 지구에는 모양을 갖춘 땅덩어리가 고온의 액체 상태인 핵 위에 형성되었다. 핵은 고체화가 되지 않고 지금도 액체 상태로 있어 대류은 계속 이동하게 된다. 대류은 여전히 이동 중인데 다행히도 천천히 움직인다. 과거엔 지구 대류의 대부분이 적도 주변에 몰려 있었다. 적도 주변에서 대류은 태양열을 많이 받게 되는데 기본적으로 대류은 태양열을 흡수해버리는 바다보다는 태양 에너지를 잘 반사할 수 있다. 당시에는 태양 에너지의 반사율을 낮출 수 있는 어떤 식생도 살지 않았다.

(우리가 알베도 효과라고 부르는) 태양 에너지의 반사율은 높아졌고 지구의 온도는 급격히 낮아지기 시작했다.

이제 새로운 요인 하나가 또 등장할 차례이다. 바로 생명이다. 초기 단계에서는 간단한 미생물 수준의 생명을 이야기하는 것이지만, 미생물이 얼마나 큰 생화학적 효과를 발휘하는지는 온실효과를 상승시키기도 감소시키기도 하는 요인이다. 유기체가 어떻게 탄소를 방출(내뿜는 것)하고 흡수(빨아들이는 것)하는지는 어떤 종류의 유기체인지와 유기체를 둘러싼 환경적 요소에 따라 달라진다.

하지만 이 모든 건 시간이 걸리는 일이다. 물이 비가 아니라 눈으로 내리기 위해서는 적어도 10억 년이 더 지나가야 한다. 점차 눈은 쌓여 있을 수 있게 되었고 얼음으로 변하게 된다. 산에 남아 있는 얼음의 흔적 속 방사성 동위원소를 분석하여 연대를 파악한 결과에 따르면 이는 29억 년 전에 발생했다. 같은 종류의 흔적은 5억 년 후, 즉 23-24억 년 전에 일련의 얼음 생성이 진행되었음도 알려준다. 얼음이 남긴 흔적들은 당시(아마도 29억 년 전)에 지구는 완전히 얼음과 눈으로 뒤덮여 있었음을 증명하는데, 이 시기를 '눈덩이지구Snowball Earth'라고 부른다.[27]

1990년대 초 캘리포니아 공과대학의 연구자인 조 커슈빙크Joe Kirschvink가 눈덩이지구 이론을 통해 도입한 개념이다. 초기엔 이론이 받아들여지지 않았다. 다수의 연구자가 지구가 그런 식으로 얼어붙게 되었다면 다시는 녹지 못했을 거라고 주장했기 때문이다. 하얀빛이 거의 모든 태양 에너지를 복사해내는 알베도 효과가 지구를 녹지 못하게 했을 것이기 때문이다. 하지만 지질학적, 화학적인 증거들은 이러한 얼음 형성이 실제로 존재했었고 이후엔 강해졌다는 걸 보여준다. 데이터모델 연구는 이 과정이 어떻게 발생했는가를 보여준다. 먼저 큰 규모의 지역이 하얀색으로 변하면 알베도 효과는 '양의 피드백positive feedback'을 시작하는데 원래의 과정을 강화하게 되는 것이다.

하지만 어떻게 하얀 망토가 다시 녹아내려서 지구가 '보통' 상태로 돌아올 수 있었을까? 물론 가능한 일이다. 도서《지구를 만든 혁명》에서 영국의 학자 팀 렌톤Tim Lenton과 앤드류 왓슨Andrew Watson이 증명했듯이 이걸 가능하게 하는 피드백 요인이 존재한다. 모든 게 눈과 얼음으로 덮이게 되면 대륙과 해양의 자연적인 이산화탄소 흡수가 멈추게 된다. 화산과 지구 내부에서 뿜어져 나오는 다른 방출물은 대기 중으로 이산화탄소를 계속 뿜어내는 데, 몇백 년이 지나고 나면 온실효과를 발생시켜서 지구를 따뜻하게 하고 눈과 얼음이 녹도록 만든다. 또한 화산재와 다른 어두운 분자 분출물들이 눈 위에 쌓이는 일도 도움이 된다. 일단 눈이 녹기 시작하면 양의 피드백 작용은 다른 방향으로 발전한다. 바다는 점점 얼음이 없이 너른 바다로 열리게 되고 태양열을 흡수하기 시작하며 얼음의 해빙을 가속화시키고, 이는 다시 더 많은 태양 에너지의 흡수로 이어지고, 또 다시 해빙이 빨라지는 등 이어지는 것이다.[28]

기후에 영향을 미친 요인 중 하나는 눈덩이지구 시기 전에 지구와 내앙에 생명이 발전하기 시작했었단 점일 것이다. 냉동에서도 '생존'할 수 있었던 단순한 단세포 유기체였는데, 몇백 년간 지속되었던 눈덩이지구가 막을 내린 후에도 마치 아무 일도 없었다는 듯 생존한 유기체였다. 이들 중 일부는 기본적으로는 공해물질이었지만 이후에 대기의 화합물 구조를 바꾸게 되어버린 산소를 생산하기 시작했다. (행성에 생명이 사는지 알아보기 위한 방법 중 하나는 대기 중의 산소, 혹은 실질적으로는 오존의 여부를 검사하는 것이다.) 점차 대기에 산소가 많아진다는 변화 역시 기후를 변화시키는 데에 한몫을 담당했고 기온이 점차 낮아지도록 도왔다. 이 시점에서는 장기간 복잡한 화학적 작용과 지구물리학적 과정이 있었는데, 우리는 각 사건별 기간의 전체 개요를 여전히 파악하지 못한다. 다만 반복적으로 맞닥뜨렸던 눈덩이지구 기간 이후 다시 녹을 수 있었고, 생명 최초의 싹이 이 시기들을 거치며 생존했다는 걸 증명한다.

대략 23억~24억 년 전에 두세 차례의 결빙 시기가 지난 후, 지구는 되레 별다른 일이 일어나지 않아 '지루해' 보이는 시기에 들어갔다. 하지만 이 '숨겨진' 시기에도 중요한 일 하나가 발생했다. 바로 대기의 산소량이 천천히 높아지기 시작했다는 것이다. 생명이 다음 단계(다세포 생물)로 가기 위한 필수 단계였다. 이 발전 단계에서는 산소가 제공하는 에너지가 필요하기 때문이다. 다세포 생물로의 발전 이전엔 각각 7억 1000년 전, 6억 4000년 전에 발생한 가장 최근이자 잘 알려진 두 번의 눈덩이 시기가 있었다. 이 말은 꽁꽁 얼어가는 시기에 끝났다는 걸 의미하는 게 아니라, 오히려 정반대의 의미이다. 다만 지구 전체를 덮는 눈덩이는 아니었다는 것이고, 지구의 양극단과 그 주변 지역으로 범위를 한정하여 얼어 있었다는 뜻이다. 다행이라고 말할 수 있는 것은 다세포 생물들이 등장했을 때엔 눈덩이 시기를 이겨낼 능력이 없었던 사실이다. 그리하여 매번 눈덩이 시기가 지나고 나면 진화는 맨 처음 단계부터 다시 시작했어야만 했다. 생명 스스로가 대기와 화학물질을 변화시켜서 완전한 눈덩이지구 시기가 다시는 오지 않도록 만들었다는 말도 된다. 생명 스스로 꽁꽁 언 지구를 막아내기 위한 보험상품을 만든 셈이다.

이제 하얀 망토들이 추는 변환의 춤을 위한 무대가 드디어 완성이 되었다. 빙하기는 왔다가 물러갔다 하지만 지구 행성 전체를 다 덮어버릴 정도로 위협을 하진 않는다. 마치 인간이 새롭고도 좀 복잡한 춤을 배울 때와 같다. 처음 배우기 시작했을 때는 발을 헛디디고 때로 넘어지기도 한다. 그러나 점차 중심을 잡아가게 되며 덜 넘어지게 된다. 그러다 보면 더 격렬하지만 차분하고 재빠른 움직임으로 동작을 소화할 수 있게 된다.

물론 여기엔 거대한 마스터플랜이나 '우주의 안무' 같은 게 짜여 있던 건 아니었다. 그래도 지구가 지난 몇억 년 동안이나 지속적으로 격렬한 춤을 추어 온 건 사실이다. 한기와 온기 사이에서 거대한 변환을 하며 눈과 얼음으로 덮은 하얀 망토를 접었다가 쭉 펼쳤다가 하면서 말이다.

그리고 지구의 기후 역시 쭉 변화해왔다. 화산 활동과 대륙이동에서 내륙을 밀어내는 힘의 조합은 해류와 바람을 변화시켜왔다. 땅과 대양의 미생물들이 일으킨 새 생명의 형식과 이산화탄소를 빨아들이는 식생들에게도 영향을 미쳤다. 많은 요인들이 복합적인 작용을 일으키며 변화를 이끌었기 때문에 우리는 여전히 정확한 개요를 파악하지는 못하고 있다.

당연하겠지만 그나마 가장 많이 알고 있는 부분은 마지막 빙하기다. 마지막 빙기는 5000만 년 전에 시작했는데 대기 중 이산화탄소의 농도가 현서히 낮아지며 촉발된 것으로 보인다. 물론 여러 요인이 있을 수 있다. 당시는 화산활동이 적었던 시기였다. 지구 내부 역시 내륙의 온도를 낮췄으며 대륙도 점차 안정화되기 시작하여 오늘날의 모습처럼 자리 잡았다. 대륙들이 '있어야' 할 곳에 있다 보니 지구의 중요한 해류와 바람 시스템도 각자의 위치를 잡게 된다. 바다와 바람은 지구가 태양에게서 얻은 에너지를 지구 전체와 양 극으로 골고루 분산시켜주는 역할을 하기 때문에, 일정한 해류와 바람의 이동 방향은 기후와 빙권에 큰 영향을 미쳤다.

바로 이 시기에 인도 아대륙이 유라시아 대륙과 부딪히며 히말라야산맥을 만들고 인접한 지역의 산맥들을 조성했다. 지구의 가장 중요한 날씨 시스템 중 하나인 몬순도 이때 만들어졌다. 매년 인도양에서 올라와 지역을 빗자루 쓸 듯 휩쓸고 동남아시아의 수백만 명에게 강수와 습기를 선사하는 몬순 말이다. 이 시기엔 암석 지반의 풍화 현상도 시작되었고 갓 만들어진 산들은 대기와 화학작용을 하여 이산화탄소를 대량으로 흡수했다. 그리하여 대기 중의 이산화탄소는 줄어들게 되고 온실효과가 감소하며 지구는 점차 차가워지게 되었다. 낮아지던 온도는 약 3500만 년 전에 한계를 마주하게 되었다. 남극이 얼음으로 덮이기 시작하자 강력한 피드백 작용이 발생했기 때문이다. (눈과 얼음은 태양빛과 태양열을 반사하기에 그렇다.) 대륙이동의 힘이 남극과 남아메리카, 또 호주 쪽으로 길을 만들기 시작하자 약 2500만 년 전 남극 주변의 바다가 열리게 되고, 피드백 작용은 이후 급속히 속도가 빨라졌다. 남극 대륙은 그렇게 고립되었다. 차가운 해류는 대륙의 가장 차가운 지역 주변을 순환하며 지역 온도를 더 낮아지게 만들었다. 바로 이 시기가 남극의 숲에서 동물, 심지어는 공룡이 뛰어다니던 시절에 완벽한 종말을 고하게 된 때이다.

일반적으로 1500만 년 전 남극의 동쪽 부분에 영구 빙상이 생겼다고 추측하고, 서쪽 지역은 몇백만 년 후에 생겼다고 생각한다. 시간이 지남에 따라 빙상의 두께는 몇 킬로미터로 자라났다. 북쪽의 북극에선 이 과정이 좀 이후에 일어났다. 그린란드 빙상은 1000만 년 전에 생겨났다. 하지만 북극의 얼음들은 빙하기 주기에 따라 변동해왔다. 지난 250만 년 동안은 꽤 요동치는 변화를 겪어왔다. 추운 빙하기엔 북반구의 대부분 지역이 꽁꽁 얼어붙기도 했다가, 짧은 온기가 오면 북극과 그린란드를 제외하고는 얼음이 다 녹아버리기도 하고 그랬다.

가장 마지막 빙하기는 11만 6000년 전에 발생했다. 캐나다와 스칸디나비아에 빙하가 만들어지기 시작했던 시기다. 얼음은 북아메리카, 유럽, 아시아, 남아메리카와 뉴질랜드까지 딸깍딸깍 끊어지는 소리를 내며 퍼져나갔다. 최대한으로 넓어진 시기는 2만 1000년 전이고 간혹 몇 번의 휴지기*가 있다가 이후 현재 우리가 살고 있는 시기인 새로운 간빙기가 온 것이다. 당시엔 북유럽 전체와 북아메리카 대부분이 얼음으로 덮여 있었고, 우리의 선조들은 남유럽의 피레네 산맥까지도 피난을 가야 했었다. 얼음은 스칸디나비아를 다 덮었고 영국의 대부분 지역과 독일 북부 지역, 발트해 인접국까지 덮었다. 얼음의

---

* 일이나 활동이 일정기간 멈추어있는 기간 — 편집자 주

남쪽으로는 툰드라가 있었는데 인간에게는 척박한 환경이지만 순록이나 매머드 같은 동물들에게는 살기 좋은 지역이었다. 동물들은 이제 더 효과적인 사냥기술을 발전시켜 온 대형 동물 사냥꾼들에게 쫓기는 신세가 되었다. 1만 7000년 전에 빙하기는 섬차 힘을 잃어 갔고 새빠르지만 조금 일징지 않은 온난화 시기가 이어졌다. 빙하는 퇴각하기 시작하고 숲의 경계는 북쪽으로 확장해 나갔으며 동물 생태계도 따라서 위로 이동했다. 일부 대형 동물 사냥꾼들은 순록무리를 따라 북쪽으로 이주했고, 사슴 같은 다른 동물 사냥과 숲에서 구할 수 있는 열매인 견과류 등을 채집하며 적응해 나갔다.

그리고 급격한 온난화 시기가 지나간 후인 1만 2000~1만 3000년 전 빙하기 기후가 갑자기 되돌아왔다. 몇 년 안 되는 기간 동안 특정 지역에서는 온도가 10도 가까이 뚝 떨어졌다. 그러다 1000년쯤 지난 후 다시 전과 같은 빠른 속도로 온도가 상승했다. 오늘날 최고 기온 기록은 이러한 변환에 비교하자면 꽤 미미한 수준이다.

이유는 우리가 지질학적인 연표보다는 훨씬 더 짧은 연표에서 살아가기 때문이다. 우리는 몇천만 년 이전의 역사에 대해서는 명확히 파악하지 못하며, 우리가 하얀 망토들의 춤을 함께 춰왔다는 사실조차 알지 못하고 살아왔다. 우리는 역사 속 찰나의 순간만을 살아간다. 게다가 이 찰나의 순간은 특히나 차분하고 안정적인 것처럼 보인다. 우리가 빙하기 사이에서 잠깐의 휴식시간 속을 살아간다는 걸 알게 된 것도 최근의 일이다. 우리는 우리가 사는 세상의 시계가 이렇다는 걸 상상하지도 못했다.

그래도 오늘날 인류의 상당수는 빙하기의 존재를 잘 인식하고 있다. 학교에서도 배우고 아이들이 보는 영화에서도 나오기 때문이다. 빙하기는 꽤 공

빙하의 반격

상이 가득한 시기로 그려진다. 그러나 여전히 우리는 어떻게 빙하기가 이 세상에 흔적을 남기고 있는지에 대해 극히 적은 부분만 알고 있다. 게다가 여전히 남아 있는 얼음조차 시야 저 너머 세상에 있는 판국이다. 몇백만 년 동안 지구의 얼음들은 너무나 중요하지만 아무도 눈치채지 못한 역할을 수행해왔다. 특히 우리가 눈과 얼음에 대해 생각해 볼 것 같지도 않을 그런 지역에서 말이다.

3부

강의 여신이 베푸는 자비

# 천국

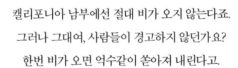

캘리포니아 남부에선 절대 비가 오지 않는다죠.
그러나 그대여, 사람들이 경고하지 않던가요?
한번 비가 오면 억수같이 쏟아져 내린다고.

앨버트 하몬드Albert Hammond,
〈캘리포니아 남부에선 절대 비가 오지 않는다It Never Rains In Southern California〉

지구에는 '천국'이라는 개념에 딱 맞아 떨어질 지역이 몇 군데 있다.

기회와 경제적 여력이 된다면 거기에서 살고 싶고, 아니면 휴가라도 떠나고 싶은 그런 곳, 태양은 반짝이고 온도는 쾌적하고 해변이 있는 장소이다. 태양과 온기는 충분치 않다. 천국이라고 불리려면 광활한 녹지대와 젖과 꿀이 넘쳐흐르는 풍경도 있어야 한다. 여러 종류의 과일도 있어야 할 테다. 게다가 와인을 만드는 포도농장도 있어야 한다.

바로 이런 장소 중 하나가 캘리포니아이다. 이 지역처럼 대중가요 노래

빙하의 반격

제목에 많이 쓰인 영광을 누린 지역이 드물다. 〈캘리포니아 드림California Dreamin〉, 〈캘리포니아로 데려가 줘요Back to California〉, 〈캘리포니아가 부른다California Calling〉, 〈캘리포니아 지금 내가 가요California here I come〉, 〈캘리포니아 천국California Paradise〉, 〈캘리포니아의 밤California Nights〉, 〈캘리포니아의 장미California Rose〉, 〈캘리포니아의 노래California Song〉, 〈캘리포니아의 영혼California Soul〉, 〈캘리포니아의 태양California Sun〉 등의 노래가 그렇다. 심지어 캘리포니아에 대한 노래를 더는 원치 않는다는 뜻의 노래 제목(We Don't Need Another Song About California)까지 있다. 게다가 그냥 짧게 〈캘리포니아California〉라는 제목을 가진 노래의 개수도 엄청나게 많다. 위키피디아의 목록에 따르면 100개가 넘는 노래의 제목이 캘리포니아이고 그중 하나는 노벨 문학상 수상에 빛나는 밥 딜런Bob Dylan이다.

아름다운 캘리포니아만灣에서 운전을 하는 동안 여러 캘리포니아 노래가 머릿속에 떠올랐다. 아담한 산맥 능선 너머로 지구의 농업지역 중 가장 생산성이 높은 곳인 센트럴 밸리Central Valley가 내 눈 앞에 펼쳐진다. 캘리포니아를 천국으로 만드는 건 비치보이스Beach Boys나 여타 가수들이 노래한 것처럼 해변에서의 근사한 삶을 꿈꾸는 것만은 아니다. 토지의 비옥함도 한몫을 한다. 감귤류 나무와 아몬드 나무가 끝없이 늘어서 있고 살짝 북쪽으로 올라가면 나파Napa와 소노마Sonoma 지역에 포도 덤불이 이랑마다 줄지어 자라고 있다. 그러나 이 지역이 과거에 늘 이렇지는 않았으며, 스타인벡Steinbeck이 《분노의 포도The Grapes Of Wrath》에서 쓴 대로 많은 노동을 통해 일궈낸 것이란 건 잊어버리기 쉽다.

캘리포니아는 1849년 골드러시Gold Rush 이후 성장했기에 특별한 위상을 가진 걸지도 모른다. 하지만 지구에는 최고의 삶, 즉 와인과 감귤류, 일련의 농산물들로 풍족한 생활을 할 수 있는 비슷한 다른 지역들도 있다. 주로 지중해에 위치한다. 지중해가 아닌 지역으로는 캘리포니아, 남아프리카의 웨스턴 케이프Western Cape, 호주의 뉴 사우스 웨일즈New South Wales 등이 있고, 지역으로 보자면 프로방스Provence, 리구리아Liguria, 코스타 블랑카Costa Blanca도 포함된다.

우선 위의 지역들은 전형적인 지중해성 기후를 띤다는 특성을 갖는다. 즉 연중 쾌적한 온도가 지속되고, 몇 달 정도 습한 달이 있긴 해도 주로 건조하고 온난한 시기가 있다는 뜻이다. 햇살이 가득한 시기에 쾌청한 날을 즐기려는 관광객들에게는 최적의 휴가지이다. 하지만 건기는 농업에 종사하는 사람들에게는 큰 골칫거리가 될 수도 있다. 특히 온도가 높아져서 30도 이상까지 올라가게 되면 더욱 그렇다.

그리하여 한 장소가 천국으로 불리기 위해서는 지중해성 기후에서 피할 수 없는 건기 시기에 물을 얻을 수 있는 접근권이 필수적이다. 때로는 멀리 있는 강으로부터 물을 끌어와야 하는 경우도 있지만 더 흔한 건 전형적인 천국의 근처에 있는 높은 산의 물이다. 겨울에 떨어진 많은 눈이나 빙하를 급수탑으로 쓸 수 있는 산 말이다. 이러한 수원에서 발원하는 녹은 물들은 연중 가장 건조하고 뜨거운 시기에도 천국을 비옥하게 한다.

이탈리아 북부의 알프스산의 남쪽 지역도 그렇고 프랑스의 서동부의 프로방스 지역도 그렇다. 아르헨티나와 칠레의 안데스 산맥의 동쪽과 서쪽의 계곡 지역도 비슷하게 와인 농장이 많다. 안달루시아Andalucia 지방도 호주의 동서부도 같다. 위의 지역에서는 겨우내 눈으로 덮여 있던 산에서 물이 내려오는데 안달루시아의 경우 '설산'인 시에라 네바다가, 뉴 사우스 웨일즈에도 설산이 있고, 안데스의 중부 지역에서처럼(자갈로 덮여 있기 때문에 사람들이 빙하라고는 생각도 못했던) 빙하가 수원이 되기도 한다.

이러한 특성들이 천국의 지상 버전을 만든다. 캘리포니아의 경우도 마찬가지다. 그렇다, 가끔 비가 오는 시기도 있지만 1년 중 대부분의 기후는 너무 건조해지지 않고 정말 쾌적하다. 시에라 네바다에서 녹은 눈(또 부분적으로는 감춰져 있지만 여전히 존재하는 빙하들)은 와인 농장과 아몬드 나무, 잔디밭과 골프장, 연어가 알을 낳기 위해 거슬러 오르는 강줄기로 항상 물을 공급해주고 있다.

눈이 없다면, 또 빙하가 없다면 여기 언급된 다른 지역과 마찬가지로 캘리포니아는 천국 근처에도 가지 못했을 것이다. 건기와 온기가 식물과 동물, 인간에게 불쾌한 시기가 되었을 테니까 말이다. 빙권 덕분에 또 산에 눈과 얼음의 형태로 물이 저장되어 있다는 사실 덕분에 따뜻한 계절에 점진적으로 물을 흘려보낼 수 있고, 그렇기에 따뜻한 시기가 쾌적하고 천국처럼 느껴지는 것이다. 우리가 프로방스의 치즈, 안달루시아의 올리브를 안주 삼아 캘리포니아산 진판델 zinfandel 와인을 마실 때마다 생각해 봐야 할 게 있다. 남유럽의 맛, 태양과 온기의 맛은 눈과 얼음이 없었다면 존재할 수조차 없었을 것이다. 바로 빙권이 맛 좋은 풍미의 기원이다.

로스앤젤레스 Los Angeles 와 샌프란시스코 San Francisco 에서 수영장을 누리는 사람들에게는 그들이 더위를 식히는 물이 언젠가 시에라 네바다에 떨어진 눈이었다는 걸 상상하기가 쉽지 않을 것이다. 주 정부 수자원관리부서에 따르면 캘리포니아인들이 사용하는 물의 30퍼센트 이상이 눈이 녹은 물이다. 게다가 요세미티 국립공원Yosemite National Park의 수문학자 짐 로슈Jim Roche의 말을 신뢰한다면 식음수의 4분의 3이 눈 녹은 물이다.

태평양에서 불어오는 강우는 시에라 네바다의 고원지대에서는 눈으로 떨어지는데 어떤 지역에서는 300미터 이상의 두께로 쌓인다. 보통 겨울엔 눈이 3, 4월까지 쌓여 있다가 온도가 충분히 올라가면 눈이 녹기 시작한다. 눈 녹은 물은 강으로 새어 흘러들어오고 저수지에 모여 저장된다. 봄과 여름 내내 강들과 새크라멘토-샌 호아킨 삼각주Sacramento–San Joaquin-delta의 저수지와 송수로가 물 공급을 책임지는데, 농업을 유지시키고 대도시 근처 교외 거주민들의 잔디를 살아있게 한다.

겨울 눈이 시에라 네바다의 유일한 물 저장고는 아니다. 대부분 크기가 많이 작아졌지만 여전히 남아 있는 빙하가 있다. 1800년대 중반에 막을 내린 한랭기였던 소빙하기 이후에 특히 크기가 줄어들었던 빙하들이 그렇다. 빙하 중 일부는 사실 한랭기 때 생겨났지만 대다수는 더 오래전에 생성되었다. 그중 일부는 우리가 최근까지도 알지 못했던 종류인데 암석빙하라고 부른다. 돌과 자갈들에 의해 부분적으로 가려져 있지만 저지대로 눈 녹은 물을 전달하고 있다.[29]

# 천국의 뱀

천국에 무슨 일이 나려고 한다. 타는 냄새가 난다. 시에라 네바다의 서쪽에 위치한 요세미티 계곡으로 가는 길에 우리는 완전히 불에 탄 숲을 운전하며 지나가고 있었다. 어떤 곳은 4~5년의 건조기 이후 활엽수들이 갈색으로 변하며 죽어갔다. 우리는 잠시 멈추어 서서 나무가 약해져 망가져 버린 나무줄기와 마구잡이로 퍼져나가는 나무좀을 마주했다. 동시에 우리는 왜 매년 400만 명의 자연 애호가들이 요세미티 국립공원을 방문하는지도 알게 되었다. 벼랑처럼 깎아져 내리는 듯한 산의 면 사이로 펼쳐져 있는 계곡, 거대한 레드우드Redwood 나무, 지구에서 가장 크다는 세쿼이아sequoia 나무 등을 만났다. 단지 산만 인간을 작게 느껴지게 만드는 것이 아니다. 나무도 그렇다.

요세미티는 국립공원의 엄마 격이다. 에이브러햄 링컨Abraham Lincoln이 1864년 남북전쟁 중에 조성을 시작했는데, 이를 위해 요세미티 그랜트 법안The Yosemite Valley Grant Act이 통과되도록 심혈을 기울였다. 요세미티 계곡

요세미티 국립공원의 엘 캐피탄과 하프돔

과 메리포사 그로브Mariposa Grove를 캘리포니아에 건네주었던 건 지역을 보존하고 국민의 휴식공간으로 쓰이길 바래서였다. 공원 조성에 무엇보다 큰 영향을 준 존재는 거대한 세쿼이아 나무인데 마리포사 그로브에 거대한 군락을 이루고 있다. 지구에서 가장 크면서 가장 오래된 나무 중에 하나인데 현재 나이가 2700년이나 된 나무까지 있다. 링컨은 이 나무들을 직접 보지는 못했지만 살해당한 날에 캘리포니아에 가서 나무를 봤으면 좋겠다고 말한 바 있다. 불행히도 그럴 기회조차 갖지 못했지만 말이다.[30]

이후에 전설적인 환경 운동가 존 뮤어John Muir가 시에라 클럽Sierra Club(역사상 최초이자 가장 저명한 환경보호단체 중 하나)을 창단했고 대통령 시어도어 루스벨트Theodore Roosevelt를 설득하여 요세미티 계곡 주변의 더 큰 면적을 국립공원으로 지정하도록 했다. 이는 미국은 물론이고 다른 나라의 국립공원에도 효시가 되었다. 설득이 실패했다면 세쿼이아 나무나 레드우드 나무가 군락을 이루며 오늘날까지 살지는 못했을 것이다. 그렇지만 국립공원의 지위가 캘리포니아주 정부에서 댐이나 큰 저수지를 건설하지 못하도록 막지는 못했다. 저수지 헤츠 헤치 밸리Hetch Hetchy Valley는 샌프란시스코와 주변 지역에 가장 중요한 수자원이다. 하지만 내가 캘리포니아에 방문한 후 얼마 되지 않아 이 댐과 저수지가 눈으로 내리던 겨울철의 강우가 갑자기 비로 내릴 경우를 고려하지 않은 채 만들어졌음이 드러났다.

또 다른 위험은 여전히 증가하는 관광객의 수인데 현 수치로는 연간 400만 명이 공원을 방문한다. 대다수는 '대장 바위' 엘 캐피탄El Capitan과 하프돔Half Dome 같은 지상 최대의 화강암 지역으로 둘러싸인 요세미티 국립공원의 장관을 보러 온다. 이 산만큼 사진을 많이 찍혀 본 산도 없을 것이다.

계곡 주변에는 숙박시설이 많이 없어서 다수의 관광객은 텐트를 치고 잠을 잔다. 공원 안에 아메리카검은곰이나 퓨마가 살고 있는데도 말이다. 곳곳에선 곰이 음식 냄새를 맡지 못하도록 남은 음식을 꽉 닫히는 보관 용기 안에 넣어놓으라는 표지판을 볼 수 있다. 노르웨이였다면 어떨까 생각해본다. 곰 때문에 사람들이 집 밖으로 못 나와서 사냥허가증을 요구했다는 소문만 도는 노르웨이였다면 상황이 다를 것이다.

산에서 연기가 보이고 냄새가 나자 또 새로운 산불이 났음을 직감했다. 하지만 숲 관리 직원들이 돌아다니며 불을 지피고 상황을 통제하고 있었다. 그들은 예방적 조치의 일환으로 제한적인 산불을 내고 있었던 것이다. 예전에는 작은 불씨조차 다 끄려고 노력했었지만 지금은 다르다. 예전에는 숲이 스스로를 가꿀 수 없을 정도로 거대하고 촘촘하게 숲을 자라게 했다. 자연적인 상황에서는 벼락을 맞은 후 자연발화가 발생한다. 자연발화를 통해 자연 스스로가 통제권을 가지고 숲을 재정비하며 나무 사이에 작고 열린 공간을 만드는 역할을 한다. 이런 식으로는 주변을 초토화할 정도로 대형 산불이 생기진 않는다. 자연스러운 산불은 숲에 터전을 잡고 사는 동물과 생태계에도 좋다. 숲의 열린 공간들은 동물들이 필요한 풀과 기타 덤불들이 자랄 수 있는 터가 되기 때문이다. 겨울이면 눈이 쌓일 수 있는 공간이 되기도 한다.

초기엔 논쟁이 많았던 인위적 산불 조치는 캘리포니아를 북쪽에서 남쪽으로 가로지르는 센트럴 밸리 가운데에 위치한 작은 대학 도시 머세드Merced에서 내가 만난 적도 있던 연구자 로저 베일스Roger Bales 덕분에 도입되었다. 베일스는 숲 관리 직원, 농부와 여러 사람들이 최근 캘리포니아를 덮친 건조 현상에 어떻게 대처하는지를 연구해왔다. 여기에선 기후 위기가 인재인지 아닌지는 논하지 않는다. 인류가 기후 위기의 정중앙에 서 있다면 해결책부터 찾아야 한다는 생각에서다.

베일스는 산불이 기후와 상관관계가 있다고 말한다. 사막화 현상은 늘 있어왔지만 건조한 동시에 고온화되는 추세는 특이하다는 설명이다. 우리가 나무들이 더 촘촘히 자라도록 내버려 두는 등의 잘못된 방식으로 숲을 관리한다면 상황은 더 심각해질 것이다. 나무가 많아질수록 나무는 더 많은 양의 물을 땅속에서 빨아들인다. 나무가 더 촘촘히 자라게 되면 땅은 더 건조해지고, 점차 나무도 시들어가고 나무좀의 쉬운 먹잇감이 된다. 숲이 죽어갈 땐 숲이 온실가스를 흡수하는 대신 배출하기 시작한다. 악순환이 시작된다. 그렇기에 여기 요세미티나 시에라 네바다 지역의 숲에서 인간이 하고 있는 노력은 아주 중요하다. 숲이 환경적으로도 기후적으로도 스스로의 자정 기능을 되찾아서 이산화탄소의 주요 사용원이 되도록 돕는 일이기 때문이다. 게다가 캘리포니아인들이 사막화를 극복할 수 있도록 도우면서 말이다.

이 방식으로 우리는 건조해지는 기후도 극복하면서 물의 저장능력을 지키고 개선시킬 수 있다. 여기서 이야기하는 건 요세미티와 시에라 네바다 지역에 있는 것처럼 인공 댐을 짓자는 말이 아니라 숲과 토양이 지닌 자연적인 물 저장능력을 말하는 것이다. 눈도 빼놓을 수 없다. 캘리포니아인들이 건조한 시기를 견딜 수 있게 해준 건 눈 녹은 물이었고, 캘리포니아인이 쓰는 물의 30퍼센트(식수에선 4분의 3)가 한때는 눈이었다. 자연이 작은 산불을 통해 스스로를 가꾸는 식으로 숲의 밀도가 낮아지면, 더 많은 눈이 땅 위에 쌓일 수 있고 더 적은 양의 물이 증발한다.

베일스는 과거에 그린란드의 빙하를 연구했었지만 지금은 오랜 시간 캘리포니아의 물에 대해서 연구해왔으며, 특히 기후가 변화할 때 일어나는 물의 변화에 집중해왔다. 그는 최근 캘리포니아의 동쪽 경계를 짓는 산맥인 시에라 네바다의 눈 덮인 지역이 급격하게 감소했으며, 따라서 캘리포니아주에 물을 충분히 공급해 오던 수계의 물양이 줄어들었다고 말한다. 물 부족은 숲과 들 모두에게 영향을 미치는 데 특히 고온 현상이 발생했을 때 더 큰 영향을 준다고 한다. 그는 시에라 네바다의 서쪽 산기슭의 숲이 높은 습도를 저장하기 때문에 물 저장의 완충기 역할을 해왔다고 말한다. 숲이 고통받고 부분적으로 죽어가는 일은 그래서 큰 문제를 야기하는 것이다.

건조기후가 손해를 끼치는 것은 단지 숲뿐만이 아니다. 농사를 짓기에 어려운 땅이 되어 버린다. 동시에 인구 밀도가 높은 이 지역의 거주민들은 물 사용량을 더 강력하게 통제받는 일을 견뎌야 한다. 잔디밭의 스프링클러를 항상 작동시킬 수 없으며 많은 지역에서는 정원에 물을 주도록 허가하는 시간을 제한하기도 했다.

물 부족의 원인은 인구 증가와도 관련이 있다. 불과 몇천 년 전인 1800년대 중반에 캘리포니아의 인구는 4000만 명 정도였다. 하지만 기후가 변화했다. 정확히 말하자면 아주 살짝 변화했다. 기후는 조금 더 건조해졌고, 조금 더 뜨거워졌다. 하지만 이 작은 변화는 중요한 균형점을 훼방 놓기에 충분했다. 액체 상태의 물과 얼어 있는 상태의 물의 균형을, 눈으로 내리는 강수량과 비로 내리는 강수량 사이의 균형을 말이다.

강수가 어떻게 내리는가 하는 문제는 아주 중요하다. 캘리포니아에서처럼 '지중해성 기후'를 보이는 지역에서 강수는 집중된 시기에 몰아서 내리는 경향이 있다. 연중 다른 시기에는 건조기후 영향을 받는다. 우리가 알고 있는 것처럼 모든 물이 한꺼번에 오면, 아무리 댐을 지어서 보관하려고 한들 많은 양의 물이 흘러내려 가 버리고 만다. 정확히 2017년 1월, 2월에 발생한 일도 그렇다. 비로 내린 강수량은 댐에 저장을 할 수 있는 양을 조과해 버렸다. 하지만 만약 강수가 눈으로 내린다면 완충기의 역할을 할 수 있다. 이때는 물이 한 번에 흘러내려 가지 않는다. 눈은 인간에게 물이 곤궁해질 시기에 딱 맞춰서 녹는다. 그러니 눈으로 오는 강수는 은행에 저축한 예금과 같다. 우리가 필요할 때를 대비해 딱 거기에 저장되어 있는 것이다.

센트럴 밸리의 하단부에 숲은 없지만 건기에 중요한 완충기 역할을 할 수 있는 지하수가 있다. 농업은 전통적으로 많은 양의 농업용수를 써 왔고 특히 이 지역의 가장 중요한 수출재인 아몬드 재배에는 많은 물이 필요하다. 캘리포니아는 세계적으로도 가장 큰 규모의 아몬드 수출을 하고 있는데 특히 아몬드 나무는 고수익원이기도 하다. 이러한 아몬드 나무는 연중 내내 무척이나 많은 양의 물을 필요로 한다. 작은 아몬드 하나는 4리터에 가까운 물을 쓰고, 아몬드 나무는 전체 캘리포니아 물 사용량의 10퍼센트나 쓰고 있다. 그러나 농부들에게는 아몬드가 돈이 되는 사업이다. 이유는 아몬드는 인기가 많은데 특히 환경을 보존한다고 생각하는 채식주의자들이 아몬드 우유를 마시기 때문이다. UCLA의 연구에 따르면 1리터의 아몬드 우유를 만들기 위해 6000리터의 물이 필요하다고 한다.

이러한 이유로 농부들의 지하수 사용을 통제하기 위해 '지속 가능한 지하수 관리 법안Sustainable Groundwater Management Act'이라는 새로운 법이 도입되었다. 목표는 농부들이 끌어다 쓰는 지하수의 양만큼 최대한 많이 물을 돌려주기 위한 것이다. 저변에 깔린 엄청난 경제적 이익을 고려해보면 참 쉽지 않은 문제이다. 캘리포니아는 물을 많이 필요로 하는 과일 관목들과 견과류를 재배하는 농업 지역 중에서도 생산성이 높은 곳이니까 말이다. 수자원을 보호하려면 농부들이 다른 종류의 작물을 키워야 할지도 모르지만 가장 돈이 되는 작물을 포기하기란 쉽지 않을 터이다.

최근 몇 년간 지속된 사막화 위기에도 불구하고 베일스는 여전히 우리가 이 위기를 극복할 수 있다고 믿는다. 그는 건조기후가 앞으로 계속 이어지진 않을 거라고 말한다. 과거에도 비슷한 건기가 있었기에 현 상황도 변할 수 있다는 것이다. 하지만 과거와 달리 어마어마한 고온화 현상을 동반하고 있다는 사실을 간과해선 안 된다. 강우를 유발하는 엘니뇨El Nino가 돌아왔을 때 상황이 나아질 거라고 희망했었다. 재앙에 가까웠던 몇 해를 보내고 난 후인 2015년~2016년 겨울에도 강수량이 증가했다. 하지만 충분치는 않았다. 2017년 1월~2월에 엄청난 양의 강수량이 있었지만 대부분 단시간 장대비로 내렸기에 미처 저장되지 못하고 대부분 흘러내려가 버렸다.

내가 캘리포니아를 떠나자마자 비가 왔다. 늘 그렇듯이 비는 장대비로 억수처럼 쏟아졌다. 강우량이 너무나 많아서 댐들이 다 수용할 수 없을 정도였고 물은 흘러 넘쳤다. 보통 2월이 아니라 6월에 가장 물의 양이 많았던 오로빌 호수에도 홍수가 나서 19만 명 가까이 되는 사람들이 긴급하게 대피해야 했다. 샌 호아킨강도 강둑을 넘쳐 흐르는 물로 위협받았다. 돌과 진흙 사태가 이어지고 나무는 도로 위로 넘어지고 다수의 사망자가 생겼다. 심지어 비가 절대 안 내린다던 캘리포니아의 남부에서도 이상기후와 홍수로 인명피해를 입었다. 이유는 베일스가 말해 온 바로 그것이다. 거의 모든 강수량이 전에는 시에라 네바다 지역에 겨울마다 눈으로 내렸는데, 이번엔 여름에 눈이 아니라 비로 내렸기 때문이다. 미묘한 온도 상승이 야기한 변화가 홍수와 건조화 위기를 동시에 만든 것이다. 베일스는 말한다. "눈이 오는 날씨를 비가 내리는 날씨로 바꾸기엔 큰 온도상승이 필요하지 않습니다. 따뜻해진 기후는 눈 대신에 비를 퍼붓는 겨울 폭풍을 부르지요."

과거에 그랬듯이 강수가 눈으로 내리면, 물이 흘러내려 가지 않고 봄까지 땅 위에 쌓여 있다가 때가 되면 조금씩 흘러내려 간다. 눈은 완충기처럼 작용한다. 온도가 살짝 올라갔다고 모든 물이 비로 내리면 댐과 상수로 시설이 감당하기에 어려운 양이 되어 버린다. 댐은 모든 물을 한 번에 담을 수 있도록 설계되지 않았다. 그렇기에 지금처럼 쏟아지는 비는 건기에 극심해진 건조화 현상을 치료할 약이 될 수 없다. 지금보다 훨씬 더 큰 규모로 더 튼튼한 댐 시설이 필요하다. 산불이 캘리포니아주의 곳곳을 만신창이로 만들었던 2017년 여름에 경험한 바도 그렇다. 엄청난 양의 겨울비가 내렸지만 건조화 위기를 막지 못했기 때문이다.

캘리포니아의 건조화 위기는 빙권의 변화가 가장 천국에 가까운 기후를 가진 곳에도 영향을 미칠 수 있다는 걸 증명한다. 높은 산으로 올라가는 스키 관광객들을 제외하고는 눈과 얼음을 거의 볼 수도 없고 눈과 얼음의 피해를 본 적도 없는 곳에서도 마찬가지이다. 심지어는 세계에서 가장 부유하고 기술이 집약적으로 발전했다는 지역에서 말이다. 건조화 위기는 기후 변화가 더 이상 저 먼 외딴 지역만 위협하는 문제가 아님을 보여준다. 물 부족 위기로 드러나는 지금 바로 여기에서 일어나는 현실이다. 눈이 녹은 물이 부족한 지역이 많기 때문에 유사한 위기는 지구 곳곳에서도 발생하게 될 것이다. 알프스, 안데스, 카프카스Caucasus, 카라코람, 히말라야 주변에 위치한 지역이 대표적이다. 히말라야 산맥만 보더라도 눈이 녹은 물은 1년 중 건조한 시기에 1억에 가까운 사람을 생존하게 한다. 경제적 여력과 기술이 있는 캘리포니아는 물을 저장하기 위해 더 큰 댐과 발전된 시스템을 도입할 수 있다. 그러나 지질학적으로도 더 불안정하고 가난한 지구상의 다른 지역에서는 이런 해결책이 현실이 될 수 없을 것이다.

캘리포니아가 겪는 문제는 어쩌면 지구 반대편에서 일어나는 일에 비하면 별 것 아닌 일일지도 모른다. '제3의 극지방'이라 불리는 그 지역을 들여다본다면 말이다.

# 강의 여신과 자매들

강가, 우리의 어머니. 당신이 없으면 우리는 아무것도 아닙니다.

인도의 민속 노래 가사 중

내가 노르웨이의 서쪽 지역에 사는 동안 눈과 빙권은 간간이 찾아오는 손님과 같았다. 그만큼 나는 빙권에 대해 별 관심이 없었다. 나와는 무관한 일이었다. 처음으로 내가 북극권에서 벗어나 40도 가까이 온도가 치솟는 동남아시아에서 머물던 시기에 역설적이게도 빙권을 '재발견'했다. 직접적인 건 아니었는데 인도 북부와 방글라데시를 가로지르는 갠지스 평원에는 눈도 얼음도 없기 때문이다. 그 지역에 사는 사람들은 눈과 얼음을 거의 본 적이 없다. 물론 네팔 지역에는 히말라야 정상 부근에서 눈을 볼 수는 있지만 그 눈을 보려면 한참을 등산해서 올라가야만 한다.

갠지스 평원이 고온 건조한 시기가 돼서야 나는 빙권의 의미를 깨달았다. 보통 6월에 오는 인도양에서 불어오는 몬순이 오기 전 고온 건조한 시기에는 사람들이 히말라야의 빙하와 눈 덕분에 여전히 흐르는 강물에 의존하며 살아간다. 만약 그들에게 빗물만 있었다면 그들은 살아내지 못했을 것이다. 건조한 들에서는 어떤 것도 자라지 못하고, 우물은 메말라가며 사람과 동물은 갈증으로 죽고 말 것이다. 물론 그들은 지금도 비극의 경계선 위에 서 있다. 집안 살림에 필요한 쓸 수 있는 물을 확보하기 위해 그들(주로 여자나 어린 소녀들)은 몇 시간을 걸어가 물을 길어온다. 충분히 깊은 우물에서 물을 긷는 일은 극소수의 사람에게만 가능한 일이고, 대부분 식수가 비소로 오염된 상태이다.

사람들은 물이 어디에서 오는 지는 알지 못한다. 몬순은 엄청난 양의 비를 몰고 온다. 방글라데시의 북쪽에 위치한 인도 메갈라야Meghalaya 주의 체라푼지Cherrapunji 는 지구에서 가장 비가 많이 내리는 지역으로 유명하다. 그래도 건조한 봄 계절에 강줄기가 메마르지 않도록 하는 건 얼음과 눈이 녹은 물이다. 강물은 벵골만에서 재빠르게 사라지는데 벵골만에는 물을 붙잡아둘 만한 어떤 것도 없다.

갠지스 평원에서 녹은 물에 대해 들어 본 사람은 거의 없다. 녹은 물이라는 개념 자체가 낯설다. 사람들은 눈과 얼음을 한 번도 본 적이 없고 들어본 적도 거의 없다. 내가 일시적인 때만 제외하고 언제나 눈이 쌓여 있는 나라에서 왔다고 말하면 궁금해하며 묻는다. "눈은 어떤 느낌이 나나요?", "차갑나요?", "먹을 수 있나요?" 눈과 얼음이 그들과도 관계가 있다는 건 생각지도 못하고, 막상 그들을 연중 몇 개월 동안이나 먹여 살리는 것이 빙권이라는 것도 상상하지 못한다.

내가 동남아시아에서 처음 살게 된 곳은 방글라데시의 북서쪽이었는데 내

동거인이 한 원주민 부족의 결혼 풍습에 대해 논문을 쓰기 위해 현장답사를 갔던 지역이었다. 그 곳에 사는 단일 문화를 가진 부족은 과거에 산에 사는 사람들이었지만 지금은 농사를 짓거나 농장일꾼으로 일하고 있었다. 더 이상 사냥할 게 거의 남아 있지 않았지만 그들은 여전히 사냥 전통을 보존해오고 있었다. 아직도 활과 화살을 사용했는데 주로 침입자들을 겁주어 내쫓는 데 주로 쓰였다. 부족은 이슬람을 믿는 다수민족과 일종의 휴전 협정을 맺은 상태였다. 무슬림들은 이들 부족을 이교도나 야만인으로 여기고 있었다. '최악'인 것은 부족이 돼지를 키우고 돼지고기를 먹고, 거기다 도수가 위험할 정도로 높은 맥주를 제조해서 고주망태가 될 때까지 술을 먹고는 한다는 점이었다.[*]

그곳의 원주민 부족, 무슬림, 소수의 힌두교인들은 인도에서 분리된 이후에도 방글라데시에 남아서 농업으로 먹고산다. 겨울엔 밀을 키우고 우기에는 쌀을, 혹은 야채를 가꾸거나 물소, 소, 염소, 돼지(원주민 부족만), 닭, 오리 등의 가축을 기른다. 눈여겨 볼 점은 이것도 그럴 여력이 되는 사람들에게만 가능한 생산물로서 대다수는 쌀, 쌀, 그리고 쌀을 기르며 산다. 가축은 모든 부위가 사용되는데 마치 사미족이 순록을 활용하는 것과 똑같다. 마을 잔치를 열기 위해 돼지 한 마리를 잡으면 부속 고기, 족발, 귀가 정교하게 잘라지고 어떤 방식으로도 먹을 수 있게끔 쓰인다. 돼지 귀까지 바싹 구워서 귀에서 나오는 지방을 모으기까지 한다. 쓰레기는 존재하지 않는다. 빈 병이나 통조림 캔이 생기면 이 또한 뭔가를 위해 쓰임새가 생긴다.

많은 사람들이 방글라데시를 굶주림과 가난 속에서 살아가는 사람들로 연

---

[*] 이슬람에선 술과 돼지고기는 먹어서는 안 되는 음식이다. ─ 편집자 주

관 지어서 생각한다. 특히 독립전쟁과 사이클론으로 힘들었던 70년대의 TV 프로그램을 기억하는 사람들이 그렇다. 조지 해리슨George Harrison 이 주최했던 대형 자선 콘서트도 방글라데시를 끔찍함의 상징처럼 여기는 데에 한몫을 했다. 방글라데시는 사실 광활하고 비옥한 국토를 지녔다. 다만 인구가 좀 너무 많을 뿐이다. 노르웨이 남부에 해당하는 면적의 땅에 1억 6000명이 살고 있다. 그들은 매년 초여름 인도양에서 시작된 온도를 낮추고 공기를 신선하게 하는 몬순의 혜택을 톡톡히 보고 있다. 문제는 이 몬순이 가끔 감당할 수 없을 정도로 공격적이란 사실이다. 늦여름에 찾아오는 클론도 마찬가지다. 국토의 대부분은 아시아의 대하천 중 두 개인 갠지스강과 브라마푸트라Brahmaputra강을 포함하고 있다. 세 번째 크기인 메그나Meghna강은 멀리에서부터 흐르는 강은 아니다. 인도의 북서쪽 '맹장' 부분을 맞댄 국경지대에 놓인 산 등성이에서 흐른다. 그러니 이 지역엔 물이 풍부하다고 믿을 법하다. 연중 대부분은 그렇다. 하지만 매년 홍수가 발생해 큰 문제를 일으킨다. 도로를 망가뜨리고 집을 강물로 삼켜버리고 이재민을 만든다. 사상자도 속출한다.

몬순이 찾아오기 전인 봄에는 홍수를 생각하기 힘들다. 방글라데시 전역에서 건조위기를 겪는다. 원인은 여러 가지이다. 우선 강의 방류량은 그때그때 현저하게 차이가 나고, 몇 달간의 건조기 후에 내린 빗물은 곧장 흘러가 버리니 가뭄이 올 수밖에 없다. 물을 저장할 수 있는 시스템도 부족하다. 이건 국토의 대부분이 느슨한 삼각주 땅인 데다가 홍수가 날 때마다 쉽게 휩쓸려가버려 큰 규모의 국가기반시설을 짓기도 어렵기 때문이다. 강물은 제멋대로 새 물길로 흐르기에 강에서 배를 타고 이동하는 일은 악몽이나 다름없다. 배는 새로 생긴 모래 언덕 위에서 얕은 물 위로 떠다니는 수준이다. 제방이나 둑을 쌓는 일도 보통 일이 아니어서 위험을 감수해야 한다. 다리 건설도 매한가지라서 차를 타고 움직이는 것도 도박이나 다름없다. 도로가 존재하기는 하지만 갑자기 다리가 없는 지역이 나타나기도 한다.

물 부족 현상은 중요한 두 강, 북서쪽에서 흐르는 갠지스상과 북동쪽에서 흐르는 브라마푸트라강이 방글라데시로 오기 전 인도를 지나기 때문에 더 심각해진다. (갈라져서 서벵골 지역과 방글라데시로 흘러가는) 갠지스강을 공동으로 이용하자는 협정을 체결하여 방글라데시인들도 물을 조금이라도 쓸 수 있게 약속했음에도 불구하고 충분하지 않다. 인도 역시 물 부족국가다 보니 강물을 많이 쓴다. 인도는 무시 못할 물 통제권과 힘을 갖고 있다.

아침 일찍부터 공동 우물로 물 항아리를 지고 가는 일부터 늦은 오후 조그만 웅덩이에서 샤워를 대충 하는 일까지 좌우하는 물은 중요한 자원이다. 이러한 생각은 종교에서도 반영이 된다.

갠지스강 주변에 사는 사람들 대부분(즉 힌두교인들)은 강의 여신인 강가ganga를 가장 중요한 신으로 모신다. 그들의 삶은 갠지스강에 의존하고 있기에 최고신으로 숭배하는 신이 강가이다. 그들은 사람의 중요한 순간들을 강에서 보낸다. 화장 후 남은 재는 물론이고 미처 다 태우지 못한 시체의 일부분도 성스러운 강에 버려진다. 모든 힌두교인의 꿈은 갠지스강이나 그녀의 지류에 재가 되어 뿌려지며 삶을 마감하는 것이다. 바라나시 같은 성스러운 도시에서도 사람들은 시체의 잔여물이 둥둥 떠다니는 강이 자신들을 정화한다고 믿으며 목욕을 한다.

나는 갠지스 수계에 대한 TV 프로그램 시리즈를 기획하며 갠지스강의 특성에 매료되었고 방송으로 구체화시킬 수 있었다.[31] 어떻게 갠지스와 그 지류가 히말라야에서부터 벵골만에 이르는 지역의 수백만 명의 사람들의 삶에 영향을 주었는지에 중점을 두고 촬영을 했다. 지역 곳곳을 돌아다니는 일은 녹록지 않았기에 시간이 많이 필요한 작업이었지만 예산이 넉넉하지가 못했다. 일부 구간은 지프차를 타고 다니고 간간이 배도 탔지만 산 지역에선 짐꾼들의 도움을 받아가며 주로 걸어 다녔다. 이러한 방식으로 돌아다녔기에 지역 주민들이 힘들어하는 부분을 실제로 체험할 수 있었다. 살이 엄청나게 빠질 정도로 촬영 작업은 내게 명백한 영향을 끼쳤다. 노르웨이로 돌아온 후 나는 일반 사람들이 관심을 갖는 사소한 일 따위에 관여하기 힘들었다. 갠지스 평원은 지구상 가장 가난한 사람들의 거대 집합체였고 수백만 명의 사람들이 삶을 연명하기 위해 고군분투하는 모습을 보고 난 후였기 때문이다. 노르웨이 막장드라마의 음모나 술책 따위는 부질없는 대화 주제일 뿐이었다.

여전히 내 기억 속에 강력하게 남아 있는 장면은 인도에서 가장 곤궁한 주인 바하르Bihar 지역의 완전히 메마른 강바닥이다. 허름한 옷을 입은 수척한 여인들이 작고 녹슨 가위를 가지고 풀떼기라도 잘라내려고 노력 중이었다. 그녀가 데리고 있던 앙상한 염소에게 줄 식량이었는데 그녀는 풀 한 줄기, 한 줄기씩을 찾고 있었다. 찾을 만한 풀도 거의 없는 상황이었다. 조금 멀리엔 딸처럼 보이는 어린 소녀가 앉아 있었는데 염소젖 몇 방울 외엔 음식을 먹지 못한 듯이 보였다.

당시 제작한 TV 프로그램에서는 보여주지 못했지만 이후에 차차 깨닫게 된 것은, 건기에 눈이 녹은 물에 의존하여 사는 사람들에게 강의 방류량이 얼마나 중요한 생명줄인가이다. 다시 말해, 빙권이 지구상에서 가장 인구 밀도가 높고 온도가 높은 지역에 얼마나 큰 영향을 주는가 하는 점이다. 얼음과 눈이 기온 40도까지 치솟는 환경에서 살아가는 사람들을 살리고 있다는 것이다. 이건 인도 북부와 방글라데시에 사는 3억~4억 명의 생명이 달린 일이다. 그리고 인더스Indus강의 눈 녹은 물이 생명줄인 파키스탄의 1억 8000만 명 인구의 다수에게도 해당하는 일이다. 중국에게도 마찬가지인데 중국의 가장 거대 강들은 눈, 빙하, 영구동토층이 있는 티베트 고원의 고지역에서 기원하기 때문이다. 히말라야, 카라코람, 티베트의 빙하와 눈은 지구 인구의 적어도 5분의 1인 10억 명 혹은 그 이상의 사람들에게 급수탑이나 다름없다. 강이 중국의 동쪽으로 흐르든, 파키스탄의 남쪽으로 흐르든, 벵골만으로 빠져나가든, 심지어는 동남아시아의 메콩Mekong강이나 살윈Salween강으로 가든 간에 강들의 수원지는 같은 장소이다.

갠지스 평원에서 살고 있는 사람에게는 빙권이 먼 지역의 이야기일지라도 그들의 신화 속에서는 빙권에 관한 이야기가 존재한다. 종교적인 이야기에서 생명을 주는 물의 기원은 산 높은 곳, 하얀 곳에 있다고 말한다. 산이 신성하고 신들의 거주지라고 불린 이유가 이것이다. 그리고 특히 갠지스강이나 강 주변의 길을 따라 산으로 가는 길이 신성하다고 여겨지는 이유 역시도 그렇다.

# 우주의 중심

"**없습니다.** 호랑이는 여기에서 이용 가능 하지가 않습니다, 선생님."

지나치게 격식을 갖춰 부자연스럽기까지한 단어를 선택해 인도식 영어 발음을 실어 택시운전사가 말했다. 인도의 히말라야로 차를 타고 올라가는 숲길에는 호랑이가 살지 않는다. 목적지는 힌두교의 성스러운 강인 갠지스가 시작하는 지점이었다. 사진가와 나는 내가 자주 베이스캠프로 삼던 뉴델리New Dehli의 낡은 요크 호텔York Hotel에서 차를 빌려 운전기사를 고용했다. 운전기사는 갠지스 계곡을 잘 알고 있었는데 어디가면 호랑이를 찾을 수 있는지만 모를 뿐이었다. 우리는 산으로 올라가는 길에 성스러운 도시에 들렀는데 처음으로 멈춘 곳은, 강의 급류가 거칠기로 유명한 하르드와르Haridwar였다. 이곳에선 순례자들이 얼음처럼 차가운 강으로 몸과 영혼을 정화하기 위해 들어갈 때마다 밧줄로 몸을 동여매어 고정해야 한다. 강의 반대편에 위치한 리시케시Rishikesh도 들렀다. 비틀스가 수행자의 마을인 아쉬람ashram에서 마하리시Maharishi에게 배움을 사사받은 곳으로 유명한 지역이다. 비틀스Beatles와 마하리시는 떠난 지 오래지만 수행자의 마을인 아쉬람은 여전히 건재했다. (폴 매카트니Paul McCartney는 리시케시에 머무르면서 썼던 유일한 곡이 〈오블라디 오블라다Obladi oblada〉라고 말한 적도 있다.) 우리는 천천히 마을로 올라갔지만 마을 주민들은 TV 촬영팀을 원치 않았다. 마을은 유명세가 있었고 많은 미치광이들이 종종 방문하는 곳이었다. 도시의 풍경은 종교적인 바자회에서 볼 수 있는 모습이었는데 힌두교의 기념품이 명상 수련보다 더 잘 팔렸다. 기념품과 명상은 꽤 잘 어울리는 조합이 분명하다.

하르드와르와 리시케시는 '깨끗한' 도시이기 때문에 갠지스의 성스러움이 더욱 강조된다. 이 도시에서는 고기도 술도 구할 수가 없다. 하지만 이 두 순례자의 도시 사이에는 작은 자유지대가 있다. 술고래들이 길가에 누워있거나 자고 있지 않다면 비틀비틀 걸어 다니고 있었다. 성스러운 삶이 인류 모두에게 어울리는 건 아닌가 보다.

그래도 인정받는 진짜배기 순례자들은 성스러운 강을 향해 강의 위쪽으로 발걸음을 옮긴다. 그들은 시간과 체력이 있다면 갠지스의 발원지에 도달할 수 있을 것이다. 힌두교의 전통에 따르면 갠지스의 수원지는 히말라야의 강고트리Gangotri 빙하이다. 순례길에는 걸어가 볼 수 있는 다른 발원지도 있다. 나는 네팔의 머스탱Mustang 역의 이런 수원에 한 번 가본 적이 있는데, 물이 어찌나 줄었는지 몇 방울이 똑똑 떨어지는 작은 수도꼭지 하나가 있었다. 내가 계절을 잘못 맞춰 방문한 걸지도 모른다. 하지만 순례자 사업 이면엔 생태학적 진실이 하나 숨겨져 있다. 갠지스 수계의 강들은 사람들에게 생과 사를 가르는 중요한 터전이고, 그렇기에 존경심을 가지고 대해야 한다는 것이다.

그리고 강은 얼음에서 기원한다는 것을 기억할 필요가 있다.

우리는 강고트리 빙하까지 가지는 않았다. 가려고 했다면 몇 주 동안을 걸어서 올라가야 했고 (지금은 강고트리까지 도로가 생겼다.), 기껏 올라가서 확인할 수 있는 거라곤 강고트리 빙하가 갠지스강의 발원지가 확실히 아니라는 것이었을 터였다. 우리의 목적지는 갠지스강이 공식적으로 시작되는 지점이었다. 그건 알라크난다Alaknanda강과 바기라티Bhagirathi강이 만나는 데브프라약Devprayag이었다. 거기에서부터 갠지스강이라고 부를 수가 있기에 데브프라약도 순례 장소였다. 우리가 도착했을 때 많은 순례자가 있지는 않았는데, 두 강줄기가 만나는 얼음장 같은 강으로 들어가는 강인한 사두 몇 명만 볼 수 있었다. 이런 종류의 만남의 장소(프라약prayag)는 종종 신성한 곳이다. 갠지스와 야무나Yamuna가 알라하바드Allahabad에서 만나는 장소는 지구에서 가장 큰 순례자모임인 쿰브 멜라Kumbh Mela가 12년마다 개최되는 지역이다. 하지만 우리는 데브프라약이 손님 맞는 데 익숙하다는 것도 알 수 있었다. 강으로 조금 올라가 보면 엄청 큰 화장실 시설이 하나 있었다. '복합 화장실Complex toilet'이라는 살짝 무서운 이름이 쓰여 있었다. 단순한 철자 표기 오류이길 바란다.

종교인들은 바기라티강이 갠지스의 발원지 옆에서 시작된다고 주장하며 바기라티강이 갠지스의 사실상의 발원지이길 바라지만 물에 대해 연구하는 수문학자들은 다른 생각을 하고 있다. 수문학자들에게는 알라크난다강이 훨씬 더 중요하다. 일단 더 길기도 하지만 방류량이 엄청나기 때문이다. 갠지스강 상류에 흐르는 물의 대부분은 알라크난다강에서 나온다. 또 알라크난다강은 우타라칸트Uttarakhand의 사토판스Satopath와 바기라트 카락Bhagirath

Kharak 빙하에서 기원한다. 하지만 바기라티가 종교적인 관심을 독차지하는 바람에 공학자들이 알라크난다강 옆에 수력발전소를 건설하기가 더 더 쉬웠다.

갠지스의 발원지를 종교관에 맞추도록 하기 위해 인도의 수자원부장관 우마 바르티Uma Bharti는 2015년 국립 수문학연구소에 갠지스가 성스러운 카일라스산이 아닌 다른 곳에서 기원하지 않는다는 걸 밝혀내라고 지시했다. 수문학자들은 장관의 지시를 따를 수밖에 없었고 강물의 방사성 동위원소를 분석하여 연구하겠다고 약속했다.

인도 수문학자들이 실제로 갠지스강 물이 티베트 서쪽에 위치한 카일라스산에서 왔다는 걸 증명했는지는 의심스럽다. 하지만 적어도 지구의 지붕에서 흐르는 강들의 이야기는 완전해진 셈이다. 종교학적 수문학 이론인 '만물이론Theory of Everything'이나 다름없었으니 말이다. 사실 근처에 위치한 지구에서 가장 높은 곳에 위치한 담수호인 마나사로와르호Manasarowar나 남아시아의 거대한 강줄기들의 수원은 바로 카일라스산이기 때문이다.

동쪽으로는 지구에서 네 번째로 큰 강인 브라마푸트라가 히말라야의 거의 전체를 감싸며 흐른다. 세상에서 가장 험준한 산맥의 북쪽을 따라 흐르다가 남서쪽으로 급격히 꺾어지며 인도의 북서쪽으로 들어와 방글라데시에서 끝나며 지구에서 가장 큰 강 삼각주 지역을 만든다. 서쪽으로는 수틀레지Sutlej강이 흐르는데 파키스탄으로 들어오기 전 인도를 걸쳐 흐르다가 인더스강에서 끝나는 지류이다. 북쪽으로는 인더스강이 흐르는데 남서쪽 방향으로 흐르고 파키스탄의 생명줄이 되는 강이다. 인더스강은 고대 문명 중 하나인 인더스 문명의 기원이 된 장소이다. 남쪽으로는 카르날리Karnali강이 흐르는데 히말라야를 뚫고 흘러와 갠지스 평원으로 가기 전 네팔을 관통하여 갠지스에서 끝나는 강이다. 그러니 인도의 수문학자들이 어떤 결과를 내놓든지 갠지스의 물 대부분의 수원은 카일라스Kailash, 아니면 티베트어로 소중한 눈의 보석이라는 뜻인 강 린포체Gang Rinpoche에서 오는 건 틀림없다.

힌두교나 불교의 신화에서 지구의 지붕인 눈으로 덮인 산들은 성스럽다. 힌두교에서 (히마바트Himavat라고도 부르는) 히말라야는 신이고 시바Shiva의 아내인 파르바티Parvati의 아버지이다. (시바신도 산과 연관이 있다.)

히말라야 신은 여왕 메나Mena와 함께 산꼭대기에 금으로 장식된 궁전에서 처녀와 마법 생명체들의 시중을 받으며 산다. 그의 이름은 히마hima와 알라야alaya가 합성된 말인데 고대 인도어이자 지금도 종교지도자들이 쓰는 산스크리트어로는 '눈의 집'이라는 뜻이다. 히말라야 신의 몸과 집은 얼어붙은 물을 보관하는 저수지이고 갠지스와 인더스 등의 성스러운 강들의 발원지가 되는 신적인 공간이다.

(민중들은 아니지만) 불교에서는 신을 숭배하지 않는다. 다만 현지 불교인들은 (힌두어로는 메루Meru라고 불리는) 성산 수메르Sumeru를 신성시 한다. 그들은 수메르산이 카일라스산이라고 주장하며 여러 중요한 강의 원류가 되기 때문에 우주의 중심으로 여긴다. 그러므로 수메르산으로 순례길을 떠나는 건 불교도인들이 부르는 '우주의 바퀴'의 중심을 방문하는 일이 된다. 더불어 작은 규모의 성지에서도 각자만의 신화적인 이야기가 있다. 멀리 위치한 카일라스 산보다 힌두인들에게 더 가까운 곳에 위치한 인도 지역의 히말라야는 산신인 난다 데비Nanda Devi(여신 난다)와 같은 의미를 가진다. 많은 순례자들은 갠지스의 미스테리한 발원지인 강고트리 빙하의 고무크Gomukh(힌두어로 '소의 입')로 순례를 떠나고 케다르나흐Kedarnath와 바드리나트Badrinath의 시

바와 비슈느 절을 방문한다. 걸어서 그곳까지 오르는 것은 많은 사두sadhu(성스러운 자)에게 인생의 목표이다.

네팔에서 안나푸르나Annapurna는 산의 여신 파르바티의 현신이다. 그녀는 안나뿌르나 산맥 중 제일 높은 안나푸르나 1봉에 머무르는데 많은 순례자들이 생애 한 번은 방문하고픈 곳이다. 안나푸르나의 뜻은 '음식으로 가득한 여자'라는 뜻이고 갠지스의 중요한 지류 중 하나인 칼리 간다키Kali Gandaki (검은 갠지스)의 발원지를 지칭하는 것으로 여겨진다. 안나푸르나는 또 갠지스 주변의 성스러운 도시 중에서도 으뜸으로 꼽히는 '베나레스Benares의 여왕'이라고도 불린다.

북유럽 신화와 달리 이 지역에서의 신화는 여전히 숭상받고 있으며 사람들은 신화에 기대어 살아간다. 그들은 산의 신과 여신을 추앙하고 성스러운 산과 발원지로 순례를 떠난다. (칼리 간다키의 성스러운 발원지는 네팔의 묵티나트Muktinath에 있다.) 티베트의 고립된 산인 카일라스는 신화를 통합하는 곳이다. 힌두교, 자이나교, 불교 그리고 티베트의 토착 종교인 본의 신자들까지 무려 네 개의 종교에서 인내심이 많은 순례자들이 도로도 없는 이곳으로 순례를 온다. 마지막에 언급한 본 종교의 신자들은 다른 순례자들과의 차이점이 하나 있다. 시계방향이 아닌 시계 반대 방향으로 돈다는 점이다. 산을 빙그르르 도는 일은 순례자들이 원래 하려던 것이긴 하나 중요한 조건은 한참을 산까지 올라간 후에도 힘이 남아 있어야 가능한 일이다.

나는 오래된 종교적 전통을 믿는 유형의 사람은 아니지만 순례자들이 찾아나선 건 생명의 발원지라고 생각한다. 카일라스산에서 발원하는 이미 언급한 (카르날리도 꽤 중요한 지류이기에 갠지스까지 포함하여서) 네 개의 강은 남

　　　　　　　　　　　　　　　　　　　　　빙하의 반격

아시아 수억 명의 사람에겐 '알파와 오메가' 이기 때문이다. 인더스 수계와 수로는 파키스탄의 대동맥이고 (연중 대부분을 차지하는) 건기에는 빙하와 눈이 녹은 물이 강을 가득 채운다.

브라마푸트라도 티베트 주변과 이어서 중국, 인도 서북부, 방글라데시까지 비슷한 역할을 한다. 인도 서북부와 방글라데시에서는 몬순이 논과 도로를 홍수로 망치고 난 후에 특히 강물이 필요하기 때문이다. 심지어 강이 많은 국가로 유명한 방글라데시조차 이미 언급했다시피 가뭄으로 고생하고 있다. 갠지스강은 갠지스 평원과 인도 북부 전 지역을 가로질러 살고 있는 수억 명의 사람들에게 삶의 토대이다. 이곳에서는 세계에서 가장 가난한 사람들의 집합체가 강의 여신이 베푸는 자비에 기대어 생명의 위기를 느끼며 살고 있다.

산 자체가 강물의 발원지라는 이야기는 아니다. 산 위의 빙하와 빙하 주변 지역이 발원지이다. 지역 자체는 아주 건조해서 강수량이 극히 적은 곳이지만 거대한 네 개의 강의 발원이 되는 것이다. 몇천 년에 걸쳐서 차곡차곡 쌓아온 오랜 물이다. 어떤 물은 연중 어느 시기에 서쪽에서 불어오는 바람을 타고 오기도 한다.

지금 강물의 발원지인 산의 빙하가 위험에 처해있다. 이 사실은 내가 TV 프로그램을 만들러 갠지스와 그녀의 자매들을 찾아갔던 90년대에는 자주 논의되던 주제가 아니었다. 분위기가 바뀐 계기는 지구의 지붕에서 빙하가 녹기 시작했다는 소식이었다. 하지만 이 신호는 좁은 범위에서 화제가 되었지, 사실이라고 할지라도 어떤 결과가 초래할지는 이해하기가 어려운 수준이었다. 지금도 마찬가지다. 수억 명의 사람들이 1년 중 몇 개월이나 물이 없이 살아야 한다면 도대체 그들이 무엇을 할 수 있단 말인가? 현재의 난민 위기는 지엽적인 수준의 문제에 불과할 것이다. 지구의 지붕이 녹아내린 후의 파장을 우리가 추측할 수는 있을지라도 명백한 증거를 가지고 하는 말은 아니다. 증거는 늘 나중에 나타난다.

　게다가 기후위기는 아직도 그 심각성에 걸맞은 수준으로 논의의 수제가 되지 못했다. 위기의식은 남극과 북극 주변 빙권의 핵심 지역에서 일어나는 일을 사람들이 심각하게 인지하고 난 후에 생겼다. 과학전문기자로서 나는 90년대부터 이 사건을 주시해왔다. 노르웨이 서부 베르겐Bergen에서 활발히 벌어지던 기후 연구를 가까이서 접하기도 했고 말이다. 당시 연구의 핵심주제는 특히 북극의 해양 연구였다.

4부

북극의

하얀

망토

# 니플헤임을 향해

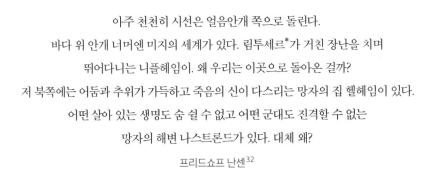

아주 천천히 시선은 얼음안개 쪽으로 돌린다.
바다 위 안개 너머엔 미지의 세계가 있다. 림투세르*가 거친 장난을 치며
뛰어다니는 니플헤임이. 왜 우리는 이곳으로 돌아온 걸까?
저 북쪽에는 어둠과 추위가 가득하고 죽음의 신이 다스리는 망자의 집 헬헤임이 있다.
어떤 살아 있는 생명도 숨 쉴 수 없고 어떤 군대도 진격할 수 없는
망자의 해변 나스트론드가 있다. 대체 왜?

프리드쇼프 난센[32]


1893년 7월 작은 배 하나가 탐험을 떠났을 때 당시 사람들은 미친 짓이라고
했다. 그 누구도 일전에 가보지 못한 미지의 항로로 떠나려던 참이었다. 탐험
대원들은 시베리아 해변 건너편에서 배가 꽁꽁 얼어붙도록 내버려 두고 얼음
과 해류가 그들을 북극해를 지나, 북극을 넘어 그린란드로 데려다주기만을 바

---

\* 안개거인 — 역주

랐다. 이 계획이 성공할 거라고 믿을 수 있던 강력한 근거는 시베리아에서 보낸 통나무가 그린란드에 도착했다는 것뿐이었다. 외국의 전문가들은 탐사계획이 터무니없을 뿐 아니라 너무 위험한 일이라고 말했다. 하지만 노르웨이의 국회와 왕은 이 무모한 모험에 후원을 결정했다. 오늘날의 일이었다면 절대 불가능했을 것이다. 노르웨이가 공식적으로 탐험을 위한 경제적 지원을 했다는 건 당시 탐험대장 프리드쇼프 난센이 노르웨이에서 어떤 지위를 지니고 있었는지를 증명하는 셈이다.

이는 난센이 이끈 무모한 탐험의 첫번째도 아니었다. 몇 년 전 그는 북극 환경에 잘 적응할 수 있는 실력을 갖췄다고 믿었던 두 명의 사미족을 포함한 탐험대원 다섯 명과 함께 그린란드 빙원을 스키를 타고 횡단했었다. 1888년 7월 17일 야손Jason 포경선을 타고 그린란드의 동쪽 해안에 도착했을 때 그들은 두 개의 작은 노 젓는 배에 탔다. 이후 일촉즉발의 위기를 만났다. 유빙이 그들이 탄 배를 여러 차례 부수려고 했고 그들은 남쪽으로 밀려났으며 온갖 힘을 다해 간신히 육지에 내릴 수 있었다. 거의 한 달이 지나서야(!) 팀원들은 스키원정을 시작할 수 있었다. 처음에는 옮겨야 할 짐이 많았기 때문에 아주 고된 길이었다. 2000미터가 넘는 높이의 언덕을 올라갈 때 한 대원이 썰매에 지고 가는 무게가 100킬로그램에 달했다. 차라리 얼음 위에서의 이동이 쉬웠다. 대원들은 눈 위에서 진짜 얼음사막의 여러 차원을 경험했다. 난센은 탐험기를 엮은 저서에서 "엄청나게 커다란 이불 위로 행군하는 작은 모기 여섯 마리를 상상하면 될 것이다. 눈을 어디 방향으로 돌리든 눈 외에는 아무것도 없었다."라고 적었다.

그들이 마침내 서쪽 해안가에 도착했을 때 유럽에서 온 마지막 배가 떠난

터였고 그들은 그 배를 기다리기 위해 그곳에서 겨울을 나야만 했다. [33]

그린란드로의 여정은 난센에게 북극해로의 탐험을 위한 위험을 무릅쓰는 용기에 꼭 필요한 지위와 지지를 주었다. 난센은 사실 과학자였다. 북극으로 떠나기 전엔 신경학 분야에서 뛰어난 업적을 남기기도 했다. 북극해 탐험의 목적은 해류와 얼음이 어떻게 구성되어 있는지를 알아내는 것이었다. 이렇게 난센은 현대의 극지방 연구, 특히 해양 연구의 초석을 깔았으며 그의 이름을 딴 여러 연구소들이 세워지게 된다. 그는 의심할 여지없이 모험가이기도 했다. 프람호Fram 탐험은 사실상 모험이었고 그 엄청난 위험과 예상하지 못한 사고가 기다리고 있는 곳으로의 여정이었다.

탐험대원 두 명과 함께 난센은 빙권의 가장 중요한 구성요소 두 가지를 연구하기 시작했다. 스키로 횡단한 북극의 가장 큰 빙상과 그린란드 내륙 빙상인데 역사도 만들어진 기원도 다른 얼음이 그 요소들이다. 얼마나 그린란드가 광활한지는 굳이 스키를 타고 횡단하지 않아도 알 수 있는데 비행기 타고 지나가보면 위대한 광경을 마주할 수 있다. 몇백만 년 전에 작은 눈송이로 시작한 이곳은 몇 차례의 빙하기와 간빙기를 살아내왔다. 많은 지역의 얼음 두께는 여전히 3킬로미터가 넘는다. 아주 오랫동안 쌓여 있던 얼음이기에 기후 역사 연구에서는 가치를 이루 따질 수 없는 중요한 기록 보관소이다. 덴마크의 연구자들은 몇천 미터가 넘는 깊이의 빙핵을 채굴하여 연구하기도 했다.

그린란드 빙상은 머금고 있는 얼음의 양이 상당해서 완전히 녹아버린다면 해수면이 7.1미터나 상승하게 될 것이다. 그린란드보다 유일하게 더 큰 규모의 빙대륙은 남극 뿐이다. 그린란드 빙상은 안정화되어 있는 상태여서 지구 온난화조차도 향후 몇천 년간은 빙상을 녹일 수는 없을 거라고 여겨졌으나,

최근의 상황을 보면 녹는 순간이 예상보다 빨라질 수도 있을 거라 본다.

프람호는 변덕이 심한 바다 얼음 사이로 항해를 했다. 바다 얼음(해빙)은 계절을 거치며 얼었다가 녹았다를 반복하며 만들어진다. 바다 얼음의 약 3분의 1 정도는 여름철에도 언 상태이며 몇 년간 지속되기도 한다. 최근 여름과 겨울 모두에 얼음의 전체 양이 감소했는데, 이는 지구 온난화가 진행되고 있다는 명백한 신호이다. 바다 얼음은 기후 변화의 논의 주제 중에서 가장 명확하지 않은 요소이기도 하다. 이유는 바다 얼음이 녹아내린다면 아직 명백히 밝혀지지 않은 여러 과정들이 연속적으로 발생할 것이기 때문이다. 알베도 효과는 감소할 것이고 해류 순환도 변하게 될 것이다. 어떤 학자는 미래 기후 변화의 열쇠가 북극의 바다 얼음에 있다고 말하기도 한다. 하지만 이건 난센

빙구빙: 해빙의 파편이 무질서하게 겹겹이 쌓여 표면이 평평하지 않은 얼음

이 살아있을 당시에 관심 있는 주제는 아니었다.

난센은 저명한 선박업자 콜린 아처Colin Archer에게 프람호 설계에 대해 구체적으로 지시를 했다. 가장 특별한 부분이자 전에 들어본 적이 없던 주문은 쇄빙선이 해빙의 파편이 무질서하게 겹겹이 쌓여 표면이 평평하지 않은 얼음인 빙구빙 위에 올라타서 머무를 수 있도록 특별한 디자인을 요구했다는 것이다. 빙구빙은 움직임이 큰 얼음인데 배를 완전히 난파시킬 수도 있고 배에 구멍을 뚫어 배를 침몰시킬 수도 있다. 얼음이 깨지는 소리만으로도 공포스러운데 난센이 기록한 바 그대로이다.

얼음이 맹렬히 깨지기 시작할 때면 지표면의 어느 한 곳도 고정되어 있지 않다는 듯이 흔들리고 진동한다. 시작은 거대한 사막 저편 멀리에서 지진이 난 듯한 우레 같은 소리였다. 그리고 사방에서 우르릉거리는 소리가 들리더니 소리가 점점 더 가까이 다가온다. 마치 자연상태의 거인이 전투를 위해 깨어나는 것처럼 고요했던 얼음세상이 우르릉 쾅쾅하는 메아리로 가득 찬다. 얼음은 사방에서 갈라지기 시작하다가 뒤집어 지고, 쿵 하는 타격 한 방에 당신은 갈라지는 얼음 한가운데 서 있게 된다. 히이잉거리는 소리와 쿵쾅대는 소리가 당신을 감싸자마자 얼음이 발밑에서 흔들리며 갈라지는 걸 느끼게 되고, 평화는 깨져버린다. 적당히 내린 어둠 속에서 얼음이 어디에서 부서지고 높은 동산으로 솟아오르는 지가 점점 당신의 시야 가까이 다가온다. 3~5미터는 되어 보이는 두께의 눈덩이가 와르르 깨지면서 셔틀콕처럼 가벼운 듯이 서로에게 기대어 쌓여가고 쏜살같이 당신의 방향으로 다가온다. 목숨을 부지하기 위해서는 뛰어서 달아나야만 한다. 하지만 갈라진 얼음이 당신 코앞까지 올라오면 검은 심연이 열리고 물이 밀려든다. 다른 쪽으로 몸을 날려보지만 어둠 속에서 새로 솟아오르는 얼음 봉우리가 당신을 향해 달려오는 걸 보게 된다. 또 다른 쪽으로 몸을 돌려 피해보지만 같은 상황에 봉착한다. 주변은 온통 대형 폭포가 떨어지는 천둥 같은 소리와 대포 포격이 날라오는 듯 탕탕거리는 소리로 울린다. 부빙은 점차 당신을 향해 거리를 좁혀오고 당신이 서 있는 부빙은 점점 더 작아지고 물이 밀물처럼 밀려든다.

빙구빙 봉우리의 다른 편으로 가기 위해서는 굴러가는 부빙 위로 몸을 던지는 것 외엔 그 어떤 방법도 없을 거란 걸 직감한다. 하지만 이제 얼음은 흥분을 가라앉히고 소음은 점차 멀리 퍼져가며 아주 먼 곳으로 사라져

간다. 북극에선 이런 일이 매달 또 매년 일어난다.[34]

북극의 극한 상황에서도 프람호는 부빙을 극복하는 데 성공했다. 그 견고함 덕분에 이후 남극으로 탐험을 떠난 로알드 아문센Roald Amundsen의 남극 탐험에도 쓰이게 된다. 난센과 대원들은 탐험 중에 지구에서 가장 위험한 포식자인 북극곰을 수차례 만났고 매번 죽음의 문턱까지 닿는 위험천만의 순간이었다. 난센과 그의 동지 얄마르 요한센Hjalmar Johansen이 북극점에 도달하기 위해 (결국 포기해야 했지만) 프람호를 떠나 도보로 걸었을 때도 북극곰을 만났다. 북극곰은 갑작스레 요한센을 공격했다. 프람호 여정을 기록한 수기에서는 당시를 이렇게 그린다.

곰이 거대한 앞발로 나의 오른쪽 뺨을 세차게 내리쳤을 때 두개골이 쩽그랑 울렸다. 다행히도 나는 기절하지 않았다. 나는 땅에 등을 대고 자빠졌고 곰의 다리 사이에 누워있게 되었다. "총을 잡아요." 나는 내 뒤의 난센에게 말했다. 나는 장전된 총기의 손잡이 부분이 내 옆의 카약 위에 올려져 있는 걸 보았고 총을 잡으려고 손을 떨며 뻗었다. 곰이 내 머리 바로 위로 큰 주둥이를 벌리며 다가오는 걸 보았고 무시무시한 이빨은 웃고 있는 듯했다. 나는 바닥으로 떨어지면서 얼굴 가까이 내려온 곰의 목을 움켜쥐었고 젖 먹던 힘까지 끌어올려 꽉 붙들었다. 곰은 이내 움찔거렸다. '물개가 아니라 전에 본 적 없던 낯선 생명체인가 보군. 내 목숨도 위험하겠어'라고 생각한다는 듯이. 나는 난센의 총성을 기다렸지만 그보다 먼저 곰이 그가 서 있는 곳으로 고개를 돌리는 걸 보았다. 나는 누워서 '시간을 너무 지체하는 군'이라고 생각하며 난센에게 말했다.

"당신, 빨리 서둘러주시면 안 되겠습니까? 더 늦기 전에 말입니다."[35]

극단적인 위기상황에서도 요한센이 난센에게 존댓말을 쓰며 '당신'이라고 칭했다는 것은 난센의 수기를 통해서도 확인된다. 난센은 카약 안에 있던 총기를 잡는데도 시간이 걸렸고 먼 거리에서 총을 쏘면 요한센을 맞출까 봐 두려워서 오래 걸렸다고 한다.

하지만 북극곰이 인육을 먹고 싶어 했다는 것은 이상한 일이 아니다. 북극곰의 주된 식량은 숨을 쉬기 위해 부빙 사이로 이따금 고개를 내미는 물개뿐이었으니까. 물개는 북극해에, 특히 열린 바다와 얼음이 만나는 곳인 얼음 주변에 풍부한 물고기와 갑각류를 먹고 산다. 북극해는 식량이 유독 많은 지역이다. 지구에서 가장 중요한 물고기이자 바렌츠해Barents Sea 와 노르웨이와 북쪽 도시 로포텐Lofoten 의 바다 사이에서 서식하는 대구의 개체 수도 굉장히 높다. 그러므로 로포텐 지역에서의 석유나 광물자원의 채굴 활동이 특히나 바다 생태계에 미치는 영향이 클 수밖에 없다. 그러다 보니 노르웨이에서 로포텐 지역의 석유 이권 이슈는 뜨거운 감자이고 이른바 '얼음 지역'을 어떻게 정의할 것인가도 정치적 쟁점이다.

북극점에 도달하려는 계획을 포기한 이후(그들은 북위 86도 4분까지만 도달했다.), 그들은 제믈랴 프란차이오시파 제도Frans Josefs land로 가는 길을 발견했고 그곳에서 겨울을 나게 된다. 이후 여름철에 다행히도 영국 탐험대를 만나서 영국 탐험대의 배를 타고 바르되Vardø 지역으로 돌아올 수 있었다. 그들은 북극해에서 3년을 보냈고 세 번의 겨울을 이겨냈다. 프람호에 남아 있던 다른 대원들도 계속 프람호를 타고 항해했으며 일주일 뒤 세르뵈이Skjervøy 지역으로 돌아오게 된다. 이 탐험 이후 난센은 민족 영웅이 되었고 동시에 국제적인 슈퍼스타가 된다. 특히 그린란드의 스키횡단은 지금도 많은 사람들이 따라 하고 있다. 지금 그린란드를 횡단하는 일은 훨씬 더 쉽다. 돈이 충분히 있다면 짐을 직접 나를 필요도 없이 가이드를 고용해서 '모험' 투어를 갈 수도 있는 상황이니 말이다.

난센이 인류에게 남긴 최초이자 최고의 유산은 지금도 그의 스키 여정기를 따라가는 사람들이 아니라, 그가 북극해 연구를 위한 항로를 열었다는 사실이다. 북극 주변의 바다 얼음과 그린란드 빙상이라는 가장 중요한 빙권의 구성 요소를 연구 주제로 끌어올렸다는 점도 묵과할 수 없다. 난센의 유산은 긴밀한 연관성을 지닌 주제이며, 그가 발견한 곳은 바로 우주에서 찍은 유명한 사진 속 북극의 하얀 망토이다.

# 하얀 대륙

이 대륙으로 들어가는 일은 자연의 자애로운 도움에 의지하지 않아야만 가능한 일이다.
지구의 거대한 얼음사막 내부에는 편히 살만한 조건이 없다.
옷, 음식, 온기 등은 모두 가지고 가야 한다. 목숨을 연명하기 위해
필요한 무언가를 잃어버리면 그냥 없이 살아야 한다.
없이 살 수 없다면 당신은 텐트 주변에 불어오는 바람 속에서 죽음을 듣게 된다.

모니카 크리스텐센Monica Kristense *36

북극 탐험선인 프람호는 난센과 함께 북극점에 도달하지는 못했다. 그래도 프람호 탐험이 획기적인 이정표였던 이유는 우리가 북극을 이해하기 위한 돌파구를 마련했다는 점이다. 북극 탐험 이후 몇 년이 지나고 프람호는 더 유명한 탐험을 통해 명성을 차지하게 된다. 그 유명한 노르웨이인 로알드 아문센

---

\* 노르웨이의 기상학자 — 역주

의 탐험대와 영국인 로버트 팔콘 스콧Robert Falcon Scott의 탐험대 사이의 남극점 도달 경쟁이다.

이 경쟁이 아마 역사상 가장 전설적인 경쟁으로 불리는 이유는 몇 가지가 있다. 우선 지구에서 가장 척박한 환경에서 일어나는 위험한 경쟁이었다는 점이다. 바로 남극의 얼음사막에서 말이다. 남극지역은 제대로 지도화가 된 적도 없었고 남극으로 가는 길에 어떤 위험이 닥칠지조차 감도 잡을 수 없는 시대였다. 당시엔 GPS, 위성 전화 또는 탐험대원들이 길을 잃거나 위험에 처했을 때 구조하러 갈 비행기조차 없던 시절이란 점을 기억해야 한다. 그들은 목숨을 건 사투를 통해 길을 개척해야만 했고 결국 한 팀에게는 비극적인 결말로 이어졌다. 명성은 승자에게 가혹하리만큼 컸다. 로알드 아문센과 그의 동료 네 명에게는 그랬다.

경쟁의 시작부터가 스릴러 영화 같았다. 모두가 로알드 아문센과 프람호가 북극으로 간다고 생각했었다. 공식적인 출항 목적이 난센의 시도를 완성하기 위한 것이었기 때문이다. 북극해로 항해를 하여 북극점까지 가려는 것이었다. 아문센은 이 목적을 이루기 위해 난센에게서 프람호의 사용을 허락받았고 더불어 국회로부터 지원을 받을 수 있었다. 그들이 탐험을 시작한 곳은 포르투갈의 마데이라Madeira였다. 대원들은 어쩌자고 탐험을 남쪽에서 시작하는지 궁금했을지도 모른다. 그때 아문센이 폭탄선언을 했다. 북극으로 가려는 것이 아니라 남극으로 갈 거라고. 하지만 대원들 중 그 누구도 탐험을 포기하지 않았고 남쪽으로의 항해는 계속되었다.

여정의 우회는 결코 급작스럽거나 우연한 결정이 아니었다. 아문센은 철두철미하게 계획을 잘하는 사람이었고 탐험을 위해 사전준비도 꼼꼼히 해두었다. 그는 일전에 벨기카Belgica호를 타고 남극에서 겨울을 나 본 적이 있었다. 유명한 극지방 탐험선인 이외아Gjøa호를 타고 캐나다의 북쪽을 통해 북서항로를 개척한 최초의 사람이기도 했다. 탐험은 3년이 걸렸고 도중에 아문센은 이누이트의 집에서 학교도 다녔고 극강의 추위를 이겨내는 법을 배울 수 있었다. 이누이트들은 아문센에게 개썰매를 사용하는 방법도 가르쳐주었는데, 이는 남극점으로의 항해 중 지대한 공헌을 하게 된다.

한편, 두 명의 미국인, 프레더릭 쿡Frederick Cook과 로버트 피어리Robert Peary는 1909년과 1910년에 각각 다른 여정을 통해 북극점에 도달했다고 주장했는데 신빙성에 의문을 제기하는 사람이 많다. 그리고 아문센에게는 최초가 된다는 점이 중요했다. 최초 탐험을 계획할 때의 주목적이었던 과학적 탐사는 우선순위의 두 번째였다. 북극은 이미 '정복'된 것으로 보이기에 이제 남은 건 남극이었다.

그러나 남극은 미지의 대륙이었고 그렇기에 아문센은 단순한 모험가가 아니라 더욱 '똑 부러진' 발견자였다. 남극은 그저 춥기만 한 곳이 아니라, 러시아 탐사대가 이후 핌불 빙붕이라고 불리게 된 지역을 발견한 1820년 전까지는 누구도 본 적도 없었을 정도로 세상과 멀리 동떨어진 고립된 지역이었다. 처음 이 불친절한 대륙에 사람이 발을 들여놓은 건 1895년이 되어서이다. 맨처음 이곳에서 밤을 보냈던 사람은 노르웨이 핀마르크 지역에서 온 사미족 두 명이었다. (자원한 건 아니었는데 날씨가 풀리기 전에는 그들을 배에 태울 수 없었기 때문이었다.) 북쪽 겨울의 왕국에서 사는 사람들이 남쪽 겨울의 왕국으로 온 것이었다.

남극은 빙권의 거인 격이자 모든 대륙이 얼음으로 뒤덮인 곳이다. 크기가 작은 대륙도 아니다. 1400만km²의 크기로 호수의 두 배 크기이고 유럽보다는 1.3배 크다. 대륙의 대부분, 즉 98퍼센트는 평균 두께 2킬로미터의 빙원으로 덮여 있고 이 얼음이 통째로 녹는다면 해수면의 약 60미터가 상승할 것 정도로 규모가 대단하다.

빙권은 인류의 활동에서 벗어날 수 있었기에 남극은 지구의 마지막 황야로 보존되어 왔다. 이 땅에 (자발적으로) 머무는 1000~5000명 사이의 사람 중 대부분은 연구자들이다. (계절 따라 큰 차이가 있다.) 생물학자, 지질학자, 물리학자, 대기 연구자, 천문학자, 빙하학자 그리고 기후 변화연구자이다. 얼음 채굴과 위성으로부터의 레이더 관찰의 도움으로 인류는 이 얼음사막이 발전해 온 역사의 큰 그림을 점차 그릴 수 있었다. 연구에 따르면 남극대륙이 항상 지금처럼 춥고 버려진 곳이 아니었다고 한다.

남극은 오랜 시간 동안 지표면을 변화시켜 온 거대한 대륙 이동을 일으킨 힘의 산물이다. 지구의 거의 모든 대륙이 한곳에 모여있을 때도 있었고, 남극의 다양한 화석이 증명하는 대로 지금 남극인 지역이 다소 온난한 위도에 위치했을 때도 있었다. 오늘날 볼 수 있는 것처럼 늘 춥고 누구의 손길도 닿지 않는 곳은 아니었다.

남극이 처음으로 호주와 뉴기니Ny Guinea로부터 분리된 시기는 약 4000만 년 전쯤이다. 남극 주변을 도는 해류가 만들어지며 다른 대륙으로부터 남극을 고립시켰고 남극은 얼어붙기 시작했다. 남극과 남아메리카 사이의 드레이크 해협Drake Passage이 2300만 년 전쯤 열리기 시작하면서 결빙 속도는 가속화되었다. 그와 동시에 변화한 기후패턴이 만든 결과 때문인지 대기의 이산화탄소 농도가 급격히 내려갔고 대륙의 온도도 하강했다. 그렇게 점점 더 큰 규모로 대륙이 얼어갔고 1500만 년 전쯤 대륙의 대부분이 얼음으로 뒤덮이게 되었다.

남극은 단순히 하얀 대륙이 아니다. 가장 추운 지역이기도 하다. 지금까지 인류가 관측한 지구의 최저온도 기록을 가지고 있다. 해발 3500미터, 4킬로미터의 얼음 위에 위치한 러시아의 연구기지인 보스토크에서 측정된 기록이다. 1983년 7월 21일 기온은 영하 89.2도로 측정되었고 지역의 연중 평균기온은 약 영하 57도이다. 낮의 평균기온이 영하 30도를 넘는 달은 아무 달도 없고 최고기온도 영화 12.2도이다.

이런 기후 하에선 그다지 많은 유기체가 살 수 있는 곳이 아니다. 남극에서 사는 가장 큰 육지 생물 중 하나는 6밀리미터 크기의 진드기이다. 펭귄 종류의 하나인 황제펭귄은 남극에서도 잘 사는 편이지만 많은 펭귄은 해양생물이고 바다에서 먹이를 찾는다. 남극 주변의 바다인 남극해는 지구상에서 가장 생산성이 높은 지역이다. 엄청난 양의 크릴은 다양한 동물들이 살아갈 수 있는 기본 토양을 제공하는데 특히 바다 포유류에게 큰 자원이 된다. 1900년대에 포경업이 클론다이크Klondike 골드러시처럼 호황을 누렸던 지역이 이곳인데, 노르웨이인들이 가장 뛰어난 기술을 가진 포경업자였다. 어찌나 실력이 좋았던지 지구에서 가장 큰 동물인 대왕고래를 포함하여 개체 수의 멸종에 가까울 정도로 포경을 했다.

남극 대륙의 사정은 전혀 다르다. 척박한 환경이기는 해도 사람들은 여전히 끝이 보이지 않고 얼음장처럼 추운 남극 평원을 찾아왔고 앞으로도 찾아올 것이다. 아무래도 남극처럼 모든 방향으로 펼쳐진 광활하며 하얀 공간이 주는 차원이 다른 경험을 다른 어떤 곳에서도 할 수 없기 때문일 것이다. 엄청난 양의 눈과 얼음은 영원을 목도하는 듯한 느낌을 준다. 끊임없이 변화하는 세상에서 견고히 서 있는 하나의 선언처럼 느껴지기에 그럴지도 모른다. 우리 모두는 크기가 점점 작아지는 빙산 위에 간신히 매달려 있는 북극곰이나 북극 얼음이 어떻게 녹아내리는지 본 적이 있을 테지만 남극은 좀 다르다. 얼어붙은 남극대륙에서는 황제펭귄과 위험을 무릅쓴 연구자들만이 겨울을 보내고 얼음은 몇 킬로미터의 깊이로 단단히 놓여 있다. 얼마전까지 남극의 얼음이 사라질 거라는 어떠한 신호도 보인 적이 없었다. 오히려 반대로 지구에서 가장 큰 빙모가 위치한 남극의 동쪽 부분에서 얼음이 한 층 더 쌓였다는 뉴스가 있을 정도다.

아문센과 동료들이 남극으로 향했을 때 그들은 스콧의 팀도 출발준비 중인 걸 알고 있었기에 즉각 경주모드로 돌입했다. 더 빨리 도착하는 게 관건이었는데, 속도 경쟁이라면 노르웨이 원정대에게 유리할 수밖에 없는 대결방식이었다. 아문센은 개썰매가 얼마나 빠른 이송력을 지녔는지 배운 바가 있기에 썰매개(초기엔 118마리)를 데려갔지만 스콧은 엔진이 있는 설상차와 영국 북부 조랑말을 챙겨갔다. 이건 운명을 바꿀 결정이었다. 디젤 모터는 도착 첫날부터 얼어붙었다. 스코틀랜드 지방에 있는 셔틀랜드의 조랑말이라고 해서 더 오래 버티지도 못했다. 결국 스콧의 팀원들이 직접 엄청난 무게의 짐을 실은 썰매를 혼자 끌어야 했는데 노르웨이 탐험대의 짐보다 세 배나 되는 크기였다. 아문센이 썰매개를 활용한 방식은 꽤 잔혹하기까지 했다. 제 소임을 다 한 개들은 식량이 되었다. 썰매개가 가장 필요했던 순간은 남극 평원으로 올라가는 오르막길뿐이었다. 돌아가는 길은 내려가는 길이었으니까.

아문센이 실수를 전혀 하지 않은 건 아니었다. 1911년 1월 남극에 도착하여 얼음 위 곳곳에 물품보급소를 설치하여 3040킬로그램의 물자와 기구들을 분산시켜 놓는 일을 마친 이후, 아문센은 9월 두 번째 주부터 진짜 탐험을 시작하려고 했다. 그는 남극의 여름이 곧 올 것이라고 주장했지만 탐험대원 중 하나이자, 난센과 함께 떠난 프람호 탐험으로 명성을 얻었던 얄마르 요한센은 이 계획에 반대했다. 그러나 아문센은 자신의 판단력을 믿기로 했고 갑자기 영하 55도까지 날씨가 추워지는 바람에 그의 선택은 재앙이 되었다. 대원들은 살아서 돌아오기는 했지만 요한센과의 논쟁으로 아문센은 자신의 권위가 위협을 받는다고 느끼게 된다. 결국 얄마르 요한센은 남극점으로 가는 탐험에 참여하지 못하게 된다.

남극의 지형은 윗부분의 일부만 지도화가 되어있었기에 스콧이나 아문센 모두 정확히 어느 방향으로 가야 하는지 알지 못했다. 안정적인 얼음과 눈으로 덮여 있는 것처럼 보이는 많은 지역도 사실은 살아 있는 빙하였다. 즉 얼음이 계속 움직인다는 것이었다. 빙하는 유속이 느린 강과 같은데 바다 쪽으로 움직일 때 일부가 떨어져 나가거나 녹게 된다. 얼음의 곳곳이 갈라지며 사람의 생명을 위험에 처하게 할 수도 있는 이유이다. 아문센이 이동한 '스키 경로'의 발자취를 따라 떠난 모니카 크리스텐센이 이끄는 탐험대가 경험한 상황도 비슷했다. 대원 중 한 명이 크레바스crevasse 밑으로 빠져버려 사망하자 탐험을 취소해야만 했기 때문이다. 다른 남극 탐험대도 비슷한 이유로 도중에 발길을 돌려야 했다.

아문센탐험대의 참가자들은 능력이 출중했을 뿐만이 아니라 운까지 출중했던 듯하다. 빙하가 갈라진 틈과 느슨한 얼음덩어리를 피해서 상대적으로 빠른 속도로 그들을 3000킬로미터의 오르막길을 올라야 하는 남극고원까지

크레바스

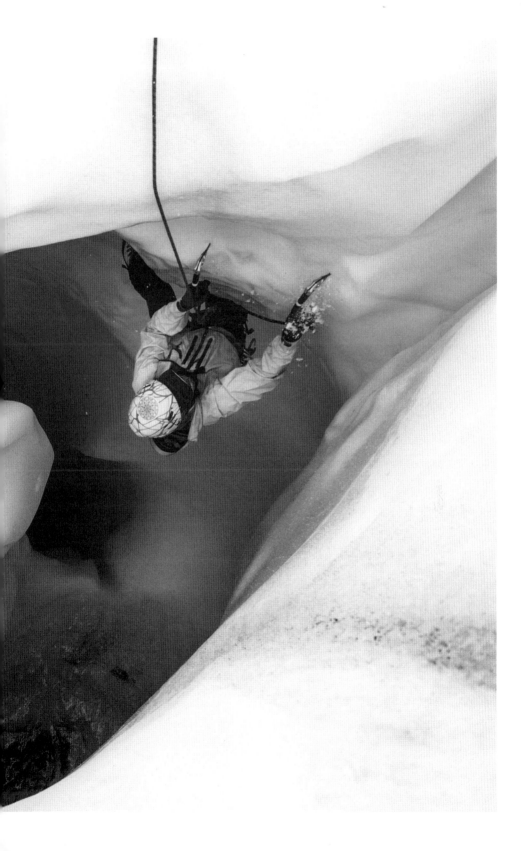

데려갈 빙하길을 발견했기 때문이다. 남극은 생성 시기도 오래되었고 4000 킬로미터에 달할 정도로 두꺼운 얼음이 있다. 고원 위에는 비교적 평탄한 지형이어서 정확히 남극점을 도달했는지 알아내기 위해서는 하늘 위 태양의 위치를 파악해야 했다. 그다음에야 노르웨이의 국기를 남극에 꽂을 수 있었다. 이후로도 전 세계에 남극점 도달 소식을 알리기 위해 호주 태즈메이니아Tasmania 주의 호바트Hobarth 에서 간략한 전보를 보내기까지 석 달 가까이 항해하며 기다려야만 했다. 당시 전보 내용은 이렇다. "노르웨이 국기는 남극점에 꽂힘. 모두 건강함! 로알드 아문센."

 **오늘날의 빙권**

빙권의 규모를 결정하는 것은 어느 지역의 연중 온도가 물의 어는점 이하인가의 여부다. 지구의 육지만 놓고 보면 절반 정도가, 지표면을 기준으로 하면 35퍼센트가 빙권이다.

보통 우리가 빙권에 대해 이야기할 때 흔히 떠올리는 건 '영원한' 얼음인 빙하일 것이다. 빙하는 육지 표면의 10.8퍼센트를 차지하고 있다. 가장 큰 육지 얼음은 그린란드와 남극이다. 총 1603만km² 의 빙하 중 1376만km²는 남극에, 174만km²는 그린란드에 위치하는데 나머지 52만km²는 지구 전체에 걸쳐 펼쳐져 있다. 이곳 얼음은 두께가 몇 킬로미터에 달하기 때문에 얼음의 부피와 무게까지 고려한다면 더 큰 규모의 '영원한' 얼음이 남극과 그린란드에 자리한다. 지구 전체 얼음의 부피 2860만km³ 중 2540km³ 의 얼음이 남극에, 290만km³가 그린란드에 있다. 만약 그린란드의 모든 얼음이 녹게 된다면 해수면은 7.1미터 상승할 것이고 남극 전체가 녹는다면 56.2미터의 상승을 야기할 것이다.

시베리아와 캐나다에 있는 영구동토층의 크기는 2280만km²로 굉장히 큰 지역을 덮고 있지만 얼음의 부피로 따지면 크기가 줄어든다.

빙권이 변하는 양상은 차이가 크고 강력한 기후의 피드백 작용을 야기할 수 있기 때문에 기후에서 가변적인 빙권은 특히 흥미로운 요인이다. 여기에서의 빙권은 바다 얼음과 눈이 덮인 지역, 또 계절에 따라 변화하는 영구동토층의 일부 지역을 의미한다. 특히 북극의 바다 얼음이 가장 주목을 받는 곳이다. 북극 주변에서 감소하는 얼음은 기후 변화의 상징이 되어왔다. 바다 얼음이 줄어들수록 북극의 항로가 열리고 석유과 광물을 채굴할 기회가 생기지만, 동시에 기후 면에서 위험을 부른다. 북극의 바닷길이 열리면 바다는 더 많은 양의 태양 복사 에너지를 흡수할 것이고 더 적은 양의 태양 복사 에너지가 대기로 반사된다. 이는 온난화를 가속하고 특히 북극 온도가 지구의 다른 지역보다 급속히 상승한다. 최근 연구보고서에 따르면 몇 십년 안에 북극해의 얼음은 겨울을 제외한 연중 대부분의 기간에는 완전히 녹아버릴 것이라고 한다.

남반구의 사정은 조금 다르다. 남극의 대부분을 차지하는 것은 남극대륙이기 때문이다. 남극대륙에서는 몇 해간 지속되는 얼음이 적은 편이기는 하지만 겨울철에는 북극보다 더 큰 면적을 얼음이 차지하는 데 9월에는 최대 1450km²의 면적을 차지한다.

빙권 중 가장 변화가 큰 곳은 눈이 덮인 지역이다. 북반구 지역에서 가장 변화의 폭이 크다. 남반구의 눈은 대부분 연중 내내 눈이 쌓인 남극대륙에 있지만 북반구의 눈은 겨울에만 하얀빛으로 변하는 지역에 있다. 북반구에서 계절에 따라 눈이 쌓이는 지역은 4만 6870km²크기이고 대륙의 절반 가까이나 된다.

이는 빙권에서 가장 중요한 변수가 눈이 덮인 지역이라는 의미란 것이다. 특히 기후의 구성요소에서 큰 비중을 차지하는 요인인 알베도 효과를 논할 때 중요성이 커진다. 눈이 덮인 지역은 다른 맥락에서도 지대한 의미를 지닌다. 계절별 급수탑으로서 건조한 달에 저수지로서 기능하기 때문이다. 바다의 얼음은 알베도 효과와 더불어 다른 면에서도 중요한데 해양 생태계에 큰 영향을 준다.

우리가 자주 이야기하지는 않지만 넓은 지역에 퍼져 있는 것이 바로 영구동토층이다. 영구동토층의 지표면의 15.4퍼센트를 차지하고 시베리아와 캐나다(그리고 북극해의 섬들)에 큰 규모로 존재하며 몇백 미터의 깊이로 추정된다.

남극으로 떠난 탐험은 주로 우승자 아문센과 비극적이지만 멋진 스콧, 두 영웅 사이의 경쟁으로 대표된다. 은유적인 측면으로 보자면 빙권의 극한 환경이 어떻게 살아 있는 유기체가 극한 조건을 이겨낼 수 있도록 적응하게 만들었는지에 대한 교본일 수도 있다. 한 경우는 협업을 봉한 석응의 방식이다. 아문센이 서로를 보완해주는 실력을 가진 팀원들에게 의지했던 것처럼 단순히 사람들 사이의 협동만을 뜻하는 건 아니다. 종의 경계를 넘어서는 협동, 즉 사람과 개 사이의 협력도 중요했다. 개의 시점에서 볼 때 어떤 결과를 가져왔는지 따져본다면 비뚤어진 협동이었다고 말할 수도 있겠지만….

영국 엑서터Exeter 대학의 지구 시스템 과학Earth System Science 연구자 리처드 보일Richard Boyle은 극한의 추위는 새로운 형태의 협동을 만들 수 있다고 주장했다. 보일의 관심사는 지구 초기의 역사에서 어떻게 단세포 유기체가 눈덩이지구 시기의 거대한 얼음 형성기와 맞물려 다세포 유기체로 발전하여 복합 생명체의 초석을 만들어갔는가 하는 문제이다. 그래서 기후가 더 살기 좋아졌을 시기에 그들이 미리 발전시켜 놓은 장점을 활용하여 빠른 속도로 발전해 동료들과의 경쟁에서 이길 수 있었다는 것이다.[37]

보일의 스승이자 동료인 팀 렌튼과 앤드류 왓슨은 이 생각을 확장해 극한의 추위가 생명의 역사에서 큰 추진력으로 작동했다고 주장했다. 그들은 남극을 논하며 아문센과 스콧을 한 예시로 제시한다.

'이 추론은 지구에서 가장 극한 환경이라 할 수 있는 남극에서 어떻게 유기체가 생존할 수 있는지를 통해 증명될 수 있다. 그건 긴밀한 협력을 통해서 가능한 일이다. 이 광활한 얼음사막을 최초로 탐구했던 인간 영웅인 아문센, 스콧, 섀클턴을 보라. 그들은 혼자서 탐험을 떠나지 않았다. 생존을 위한 유일한 희망은 그들이 팀원 중 하나였다는 것이다. 비록 팀원들 중 누군가가 죽을지도 몰랐지만 모두 함께였다. 스콧팀의 경우엔 전원이었지만….'[38]

렌튼과 왓슨은 보일의 이론이 증명할 수 있는 명확한 가설이라고 말한다. 새로운 동물 종의 출현은 지구적 냉동기 이후에 발생했기 때문이다. 두 학자는 이를 뒷받침하는 훌륭한 증거가 5억 4200만 년 전에 있었던 '캄브리아기 대폭발Cambrian explosion'이 마지막 눈덩이지구 직후에 있었다는 점이라 주장한다. 캄브리아기 대폭발 시기에 동물과 식물계 모두에서 다양한 종이 폭발하듯 등장했다.

렌튼과 왓슨이 내세우는 다른 예는 황제펭귄이다. 지구에서 가장 몸집이 큰 펭귄인 황제펭귄은 얼음 위에서 겨울을 나는 유일한 펭귄이기도 하다. 이들은 두 종류의 긴밀한 협동방식을 통해 겨울을 살아낸다. 첫 번째는 무리 전체와의 협동이다. 황제펭귄은 혹독한 남극의 겨울을 이겨내기 위해 몇 개월 동안을 서로에게 가까이 붙어 서서 바람막이가 되어주고 온기를 유지한다. 2005년에 나온 프랑스 영화 〈펭귄- 위대한 모험March of the Penguins〉을 본 사람이라면 그들의 엄청난 인내심에, 또 특히 암컷과 수컷 사이의 신실한 협력 관계를 보고 감명받지 않은 사람이 없을 것이다. 부모 중 암컷이 먹이를 찾아 해안으로 떠나있는 동안 수컷 펭귄은 몇 개월간 먹지 못한 채 알을 지켜야 한다. 교대 근무자가 돌아올 때까지 하염없는 세월을 보낸다. 오직 이 방법을 통해서만 새끼 황제펭귄을 키워낼 수 있다. 암컷 펭귄이 유혹으로 가득한 바다에서 우물쭈물 시간을 보내는 작은 부주의가 배우자는 물론 새끼가 목숨을 위태롭게 하는 것이다. 부부가 서로 신뢰하며 살아가는 모습은 기독교의 세가 강한 미국의 지역에서 황제펭귄을 롤모델로 삼는 이유이다.

황제펭귄의 특별한 행동양식의 기저에는 자연선택의 무자비함이 깔려 있다. 가장 강인하고 신실하고 인내심이 있는 펭귄만이 자손을 낳고 키워내서 후대에 유전자를 남길 수 있기 때문이다. 신체적 적응능력을 발달시키기 쉽지 않은 남극의 환경에서 황제펭귄은 최선의 적응방식을 택한 것으로 보인다. 사려 깊고 이타적으로 행동하는 생존방식을 대안으로 삼으면서 말이다. 서로를 100퍼센트 신뢰해야만 지속되는 긴밀한 협동이 생존의 열쇠가 되었다. 겨울의 왕국, 빙권이 그들이 이런 특질을 가지도록 강요해 온 것이다.

황제펭귄은 변화하는 빙권이 맞닥뜨린 새로운 도전에 앞서 어떻게 생명이 탁월한 적응방식을 지속적으로 발전시켜 왔는지에 대한 하나의 예일뿐이다. 지구는 (우리가 아는 한) 우주에서 적응과 진화가 다양한 현상으로 발생해 온 '실험실'이다. 이 실험실에서 빙권은 항상 결정적인 역할을 한 파트너이다.

# 지구라는 실험실

나는 생물권을 마치 지구 전역에
얇게 펼쳐져 있고, 살아 있는 한 겹으로 본다.
지구의 리듬에 맞추어 자신만의 리듬으로 반응하는.

엘리자베스 비르바 Elisabeth Vrba

실험실의 종류는 참 다양하다. 전형적인 실험실은 물리학, 화학, 생물학, 생리학, 사회학 등의 분야에서 여러 접근법과 테스트를 통해 한 시스템을 위험에 노출해 어떤 변화가 야기되는지를 확인하는 곳이다.

시험관 속 용매에 화학물질 한 방울만 떨어뜨려도 물질의 색이 바뀌고, 거품이 생기기 시작하고 폭발하기도 한다. 물질이 반응하게 만드는 걸 완전히 실패하지만 않는다면 어떤 변화라도 생긴다. 아니면 실험생태학의 선구자 로버트 페인Robert Paine이 1960년대에 실시한 통제 실험과 같은 일이 벌어진다. 그가 했던 것은 고립된 무인도의 작은 생태계 내에서 한 종을, 예를 들어 불가

사리를 완전히 제거해 버리고 다른 종들에게 미치는 영향을 파악했던 실험이었다. 실험 결과 어떤 종은 아예 자취를 감춰버린 반면, 어떤 종은 개체 수가 급증했고 전역을 독점해버렸다. 이렇게 자연의 일부 지역을 독립시켜 실험실로 바꾸는 일도 가능하다.

지구도 역시 실험실로 간주될 수 있다. 지구에서는 우리가 '자연 실험natural experiment'이라고 부르는 일이 끊임없이 행해지고 있다. 그 누구도 계획하지 않았지만 장기간을 거쳐 지속되는 실험, 그러나 특히 추후에 인간이 연구하는 게 가능한 실험이 말이다.

우리가 사는 행성이 자신만의 궤도를 돌기 시작한 후, 지구가 받아들이는 태양 복사 에너지의 양은 변화하게 되었다. 아주 미세한 움직임조차 지구에 크나큰 변화를 가져올 수 있다. 지구는 무수한 변화가 일어나는 시스템의 총합이기 때문이다. 뜨겁고 불안정적인 내부, 오래된 대륙들이 이동하고 충돌하며 느리긴 하지만 확실히 재편성되는 지표면, 꾸준한 변화를 겪는 해류와 해풍의 패턴 등의 총합이다. 또 거대한 양의 물이자 화학식인 $H_2O$는 얼었다가 녹았다가 증발했다가를 반복하며 무한한, 그러나 변화하는 춤을 춘다.

원시 지구는 혜성, 소행성, 그리고 '하늘에서 떨어지는 돌'의 포화를 맞았다. 추류모프-게라시멘코 혜성을 분석한 결과대로 생명을 위한 최소의 재료들은 외계에서 왔다.

유기체가 되기 위해 필수적인 재료들과 유기체가 진화할 수 있게 하는 물이 지구에 도착한 것이다. 이와 함께 우주에서 가장 화려한 쇼인 '자연의 실험'을 위한 무대가 꾸며졌다. 진화를 위한 무대가 들어선 것이다. 이 쇼는 우주에서 딱 한 장소에서 딱 한 번만 상연된 듯 보인다. 적어도 우리 근처, 즉 광년의 거

빙하의 반격

리 내에서는, 비슷한 현상이 발생한 장소를 찾지 못했기 때문이다. 그리고 공연 내내 겨울의 왕국, 빙권은 주연으로 참가했다. 지구 생명의 역사에서 모든 중요한 대전환이 있을 때마다 빙권의 활동과 연결되기 때문이다. 지구는 생명이 점차 더 복잡한 형태로 진화해 온 거대한 실험실이었고, 겨울의 왕국은 실험을 촉진하는 촉매제였다.

지구는 여러 차례의 급격한 기후 변화를 겪었다. 얼음으로 완전히 덮인 시기에서부터 얼음이 전혀 없는 시기까지, 또 습도와 폭풍이 교차하는 수차례의 간빙기까지 변화가 계속되었다. 이러한 변화는 생명의 생존 조건을 급격하게 변화시켰다. 이 기후 변화가 지구를 다양한 생명체의 진화를 이끌어 낸 거대한 실험실이 되도록 만든 것이다.

노르웨이의 생물학자 셰틸 뤼스네 보예Kjetil Lysne Voje 의 화석연구가 증명하듯이 생명은 유전물질의 우연한 돌연변이 등을 통해 지속적인 변화를 겪어왔다. 하지만 때로는 사소해 보이는 변수가 지속적인 변화를 야기하기도 한다. 돌연변이의 다수는 역사에서 괄호처리가 되며 생략되었다. 돌연변이가 유기체에 행운으로 작용하지 않았을 경우 같은 방향으로의 진화가 계속되어 퍼져나가지 않았기 때문이다.[39] 지속적인 변화로 이어지기 위해서는 주변 환경의 변화가 선행되든지, 돌연변이가 중요한 이점을 지니게 할 만한 변화가 있어야 한다.

인류가 아프리카 지역에서 이동하여 북쪽으로 가면서 햇빛을 덜 쬐게 되었다. 신체가 생성할 수 있는 비타민 D의 양이 줄어듦에 따라 비타민 D의 부족으로 질병에 걸리게 되었다. 그러나 돌연변이로 인해 더 하얀 피부색을 갖게 된 사람들은 햇빛의 효과를 더 톡톡히 보게 되고 일조량이 적은 환경에서도 생존할 수 있게 된다. 하얀 피부가 이점을 갖게 되자 점차 북유럽 인류의 대다수가 같은 방향으로 진화하게 된다.

유기체 스스로가 다른 지역으로 이동을 하긴 했지만, 인도 대륙이 유라시아 대륙과 충돌하는 지각변동으로 인해 변화한 지형도 생명의 변화를 일으켰다. 무엇보다도 생명의 생존 조건을 급격하게 바꾼 요소는 기후 변화였고, 이는 현재에도 유효한 사실이다. 생명 역사에서 오랜 종이 멸종하고 새로운 종이 등장했던 시기들을 따져본다면 급격한 기후 변화가 발생한 시기와 맞물린다. 그리고 이 시기의 대부분은 빙권, 겨울의 왕국에서 발생한 큰 변화의 시기와 겹친다.

생명의 기원으로 올라가면 갈수록 우리의 지식은 더 큰 한계를 드러낸다. 최근 우주에서 날아온 얼음덩어리 혜성을 연구한 결과, 혜성이 지구 생명 탄생의 초석인 광물과 아미노산, 물을 가져왔음을 밝혀냈지만 실제는 모른다. 혜성이 아예 생명체를 안고 지구로 날아왔을지도 모르는 일이다. 복합 생명체로의 진화는 눈덩이지구 시기로 인해 시작되었다는 강력한 정황 증거도 존재한다. 지구 대부분의 지역이 한랭화로 꽁꽁 얼어버려 눈과 얼음으로 완전히 덮였던 시기 중 한 시기에 말이다. 적어도 진화의 역사를 놓고 보면 생물학적 혁명은 기후와 빙권에서 발생한 기본적인 변화와 더불어 발생했다는 걸 알 수 있다.

우리가 살고 있는 현재 시기를 들여다볼수록 증거는 더 확실해진다. 인류가 발견하기 시작한 건 우리 인류 역사 역시 기후의 변화, 특히 빙권과 다른 지구물리학 시스템의 변화 사이의 관계와 연관되어 있다는 것이다. 우리는 인류가 속해 있는 동물계의 종이 극지방이 심각하게 얼어붙어 가던 지구의 마지막 빙하기가 시작했을 시기에 발맞추어 진화했다는 걸 안다. 지구 온도 하강기는 우리의 친척이 조상인 오스트랄로피테쿠스Australopithecus에게서 분리되게 된 이유이다. 그리고 바로 그때 우리의 종인 호모 사피엔스Homo sapiens가 생겨났다.

북극과 남극에서 발생한 일이 아프리카에서 생긴 일에 영향을 주었다는 게 이상하게 들릴 수도 있다.

유인원과 이후 인류가 되었던 종들은 아프리카에 살았기 때문이다. 하지만 많은 양의 물이 극지방에서 육빙이나 해빙으로 얼음이 될 때 대기 중의 습도가 높아지고, 피드백 작용을 통해 바다의 온도가 하강하게 된다. 그러니 맞다. 얼음이 북극에 생성되고 사라질 때마다 남쪽의 아프리카까지 파급효과가 미치게 되는 것이다.

극지방이 얼어붙으면서 북아메리카, 북유럽, 시베리아와 대형 산맥 지역도 점차 얼어붙게 되고, 지구 전체의 기후에 변화를 일으킨다. 아프리카에서는 기후가 더 건조해져서 식생분포를 완전히 뒤바꾸어 버린다. 이 변화는 우리의 선조들이 오랜 안정기(우리가 '남방원숭이', 오스트랄로피테쿠스로 살금살금 다니던 시절)를 거쳐 생물학적으로 급격한 변화를 겪으며, 단시간 내 다양한 종의 분화가 이루어지던 시기와 겹친다. 새로운 기후에 환경에 적응해야만 했기 때문이다. 우거진 숲이 점차 줄어들자 '우리'는 아프리카의 사바나에서 살아내야만 했다. 사바나에는 밀림보다 채집할 수 있는 과일의 양이 적었고 야생 동물 피하기도 더 어려웠다. 대신에 그간 못 본 메뉴가 등장했다. 초식동물의 고기였다. 잡아먹히지 않고도 초식동물을 잡을 방법만 찾아낸다면 말이다.

현생인류로 진화해가는 단계는 기후와 빙권, 특히 지구의 한랭화 현상과 맞물려 진행된다. 그러니 순수한 생물학적 관점으로 보자면 우리는 모두 '얼음의 아이'일 것이다.

그러나 이야기는 여기서 끝나지 않는다. 우리가 약 13만 년 선에 호모 사피엔스가 된 이후, (최근의 발견은 30만 년 전으로 추정하지만 아직 확실치는 않다.) 우리는 생물학적으로는 크게 변화하지 못했다. 대신에 우리는 다른 방향의 발전을 거듭해왔다. 사회적 진화, 문화적 진화를 이루었고 신기술을 개발했으며 사회라는 사회적 구조양식도 만들어 냈다. 이 발전 과정에서도 공통점이 있다. 인류의 위대한 도약은 빙권과 기후 변화의 움직임과 발맞추어 이루어졌다는 것이다. 수렵채집 사회에서 정착 농경 사회로의 변화, 최초의 도시와 문명, 근대의 민주주의와 산업사회 등 모든 변화는 그린란드의 빙핵채굴을 통해 확인할 수 있는 지구의 사건들과 깊은 연관이 있다. 엉뚱한 소리처럼 들릴 수 있지만 정말로 그렇다. 다윈이 발견한 생명 진화의 기제를 통해 설명되는 일이다.

지구에서 최초의 유기체가 생겨난 시기를 정확하게 단언하기는 어렵다. 하지만 그린란드에 남아 있는 흔적들은 38억 년 전에도 생명이 있었음을 나타낸다. 최초 생물의 형태는 단순한 단세포였는데 원핵생물prokaryote이라 불린다. 원핵생물은 산소를 사용할 수 없었기에 다른 방법으로 에너지를 획득해야 했다. (어차피 당시엔 대기 중에 산소가 별로 있지도 않았다.) 이런 조건하에서 약 10억 년쯤이 지나기 전까지는 추적이 가능한 큰 진화가 없었다. 이 시기에 새로운 종류의 박테리아인 남세균cyanobacteria이 등장하여 이후 지구의 생명을 크게 변화시키게 된다.

남세균은 산소를 생성할 수 있었다. 산소는 초기엔 공해물질이었지만 시간이 지나면서 다수의 유기체들이 생존할 수 있는 필요조건으로 변하게 된다. 더불어 새로운 '공해물질'의 등장은 대기의 화합물과 기후도 변화시키게 된다.

대기에 산소가 축적되기 시작하면서(동시에 이산화탄소의 수치가 같은 양으로 감소하며), 우리는 처음으로 거대한 얼음의 형성을 마주하게 된다. 대략 29억 년 전쯤으로 추정하지만 최초로 큰 규모이자 관련 증거가 많은 연속적인 얼음형성인 '빙하기'는 5억 년이 지난 23~24억 년 전에 발생한다.

이 시기에 지구는 얼음과 눈으로 완벽히 뒤덮였던 눈덩이지구를 최소 두 차례는 겪어낸다.

이후 지구는 (지루하다는 말을 피하자면) 안정적인 시기에 돌입하고 향후 20억 년간은 명백히 큰 사건은 일어나지 않았다. 그래도 변화는 있었다. 산소량은 지속적으로 상승했고 생명은 천천히 산소를 독소가 아닌 자원으로 활용할 수 있는 환경으로 적응해갔다. 그리고 이 시기(원생대 Proterozoic Eon) 언젠가 생명의 역사를 흔들어버리는 놀라운 일이 생긴다. 고세균 archaea 과 진정세균 eubacteria 으로 추정되는 두 단세포 유기체가 만난 것이다. 고세균이 진정세균을 잡아먹으려고 하다가 혼합되는 공생으로 이어져 최초의 진핵생물 eukaryotes 이 되었을 거라 추정된다. 즉, 진핵생물은 핵을 가진 세포여서 다세포 생물로의 분화를 가능하게 하고 더 복잡한 생물체의 탄생을 가능하게 했다는 말이다.

현재 지구에 살고 있는 모든 다세포 생물은 이 운명적 만남에서 유래했다. 그러나 진핵생물의 등장이 곧장 큰 확산으로 이어지진 않았다. 생물 스스로가 조력한 눈덩이지구 시기가 한 차례 더 있었기 때문이다. 생명이 지구에 미치는 실질적인 효과는 한랭화였기 때문이다. 생명이 없었다면 지구의 온도는 45도 이상 높아졌을 것이었다.

그렇다면 지구의 한랭화 현상이 생명을 다 죽여버리진 않았을까? 답은 아니다. 우리는 단순한 단세포 생물과 진핵생물이 얼었다가도 다시 녹을 수 있다는 걸 안다. 또한 물곰water bear이라고 불리는 아주 작은 크기의 완보동물Tardigrada도 해동 이후에 다시 깨어난다.[40] 비록 지구가 완전히 얼음으로 덮였을지라도 해저에서는 여전히 온기의 원천이 살아있었기에 해저에서 생명이 탄생할 수 있었다고 많은 학자들은 입을 모은다. 그러나 한랭화가 생명을 시험에 들게 한 건 사실이고, 생물학자들이 말하는 자연선택의 영향으로 어떤 생명은 멸종하고 적응에 성공한 강한 생물만 살아남았다. 극강의 추위 하에서 생존의 가능성을 높일 수 있는 건 무엇이었을까? 한랭 지역의 생명을 연구해 온 생물학자들에 따르면, 답은 바로 협동이다.

협동은 황제펭귄처럼 남극에서 겨울을 나는 몇 동물들의 삶에서 관찰할 수 있다. 영화 〈펭귄: 위대한 모험〉을 보면 황제펭귄들이 온기를 유지하기 위해 몸을 가까이 기대고 서서 겨울을 이겨내는 모습이 나온다. 또 알을 부화시키고 새끼에게 먹이를 주기 위해 암컷과 수컷이 행하는 협동이 얼마나 중요한지도 알 수 있다. 또 아문센의 팀처럼 황제펭귄의 대륙으로 탐험을 떠나 그곳을 '정복'하려 했던 최초 인류의 이야기도 알고 있다. 혼자였다면 가망 따위 없는 얼음사막에서 함께 협동해서 극복한 인류의 모험이었다.

이러한 협동의 생존방식은 더욱 크기가 작은 생명에게도 해당된다. 협동은 생존을 용이하게 하기에 단세포 종들의 긴밀한 협동은 다세포 생물을 탄생시켰다. 다세포일 경우에는 각자 특화 분야를 키워서 업무를 나눌 수 있다. 어떤

빙하의 반격

세포는 감각을 획득하고, 어떤 세포는 소화를 담당하고, 또 다른 세포는 외부의 적으로부터 생명체를 보호하는 등 분업이 가능해진 것이다. 물론 내가 이야기하는 건 철저하게 계획된 협동이 아니라 진화를 통해 성장해 온 방식을 말하는 것이다. 우연의 일치로 발생한 일이 효과적으로 판명되면 새로운 세대의 친척계로 분화해서 진화했다.

이러한 협동 프로젝트는 우리가 오늘날 동식물이라고 부르는 생명의 시작점이었다.

지구 전체의 한랭화로 인한 극한의 환경에선 임시방편 정도였을 것이다. 그러나 지구가 다시 녹기 시작하며 평원이나 바다가 생기면서 많은 종류의 생명이 죽어 나간 자리에 새로운 생명체가 살아갈 공간을 열었다. 그제야 새로운 생명체는 확산할 수 있었다. 이런 역학관계는 생명의 역사에서 여러 번 나타난다. 한랭화 같은 기후적으로 어려운 시기에 친척계는 새로운 유기체로 분화하고, 지구의 기후가 나아지며 확장의 가능성을 창조했을 때 지역을 '점령'해버리게 되는 것이다.

진화에 대한 인류의 지식 중 이와 비슷하고도 가장 폭발적이었던 예시는 '캄브리아기 대폭발'이다.[41] 5억 4000만 년쯤 전에 발생한 사건인데, 마지막 눈덩이지구 시기가 막을 내린 다소 지루했던 원생대 바로 다음의 시기이다. 정말 '갑자기' 엄청나게 다양한 다세포 유기체가 생겨났는데 이른바 식물, 동물, 균류의 '삼국왕조 시대'였다. 이 시기는 단순히 생물학적 다양성만 급격히 증가한 게 아니고 생명의 형태가 과거보다 훨씬 더 복잡해지는 시기였다. 동식물은 에너지, 물질, 정보를 합성하고 처리하는 한층 진보된 시스템을 획득하게 되었다.

다윈이 기술한 대로 캄브리아기 대폭발시기 직후부터는 다양성이 커지면서 새로운 종이 탄생하고 (다른 종들은) 사라지는 등의 진화의 과정이 명확히 드러난다. 더 이상 다세포 생물 다수를 멸종시킬 수 있을 정도로 강력한 지구 전체의 한랭화는 오지 않는다. 얼음이 형성되는 현상이 전혀 발생하지 않는다는 이야기는 아니다. 오히려 정반대다. 대륙이 각자의 위치를 잡고 난 후 지질학적 역사에서 지구는 한기와 온기를 오고 가는 변환 속에서 빙하기와 각자만의 리듬을 맞춰왔다.

지속적인 기후 변화의 리듬은 진화 과정을 부추기는 촉진제가 되었고 옛 종이 사라지면 새로운 종이 생겨났다. 지금까지는 지구 전체가 얼음으로 뒤덮일 정도의 한랭기가 다시 찾아오지는 않았다. 그리하여 복합 생명체가 생존할 수 있는 지역이 늘 남아 있는 것이다.

기후가 변화할 때 식생도 변화하기 때문에 동물들이 살아가는 토대도 변화를 겪게 된다. 5000만 년 전에 기후가 차가워지기 시작했을 때 아프리카에서 생긴 일이 그러했다. 극지방에 점점 더 많은 양의 얼음이 형성된 후 아프리카의 기후는 건조해졌고 전에는 밀림이던 곳은 초원지대로 바뀌었다. 전형적인 아프리카의 사바나 풍경이 형성된 최초의 시기이고 코끼리, 코뿔소부터 영양이나 더 작은 크기의 동물들까지 수백만 마리에 이르는 초식동물들의 집이 되었다.

사자, 하이에나, 야생 개, 표범, 자칼 등의 포식동물들이 등장하며 먹이사슬이 완성되었다. 포식자(그리고 기생충)는 초식동물을 먹고…. 뭐 그 이후는 상상하기 쉬울 것이다. 하지만 여전히 모든 포식자 중에 가장 욕심꾸러기인 종이 비어있었다.

거대한 밀림 속에 살던 원숭이 같은 동물들은 점점 더 작은 밀림 지역으로 밀려나갔다. 밀림 주변 지역의 더 넓은 초원에서 살아남기 위해 새로이 적응을 해야 했다. 이 중 하나가 인류의 전신인 최초의 호미니드hominid*이다. 이들은 700만 년 전쯤 침팬지에서 지질학적으로 유전적으로 분화되어 진화의 나무에서 새로운 가지를 형성했다. 침팬지들이 밀림에서 사는 반면 호미니드는 사바나 지대로 이동했다. 대다수는 죽었지만 한 종만이 살아남아 지구를 정복하게 된다.

---

\*   인과, 원시인류 ― 역주

# 얼음의 아이들

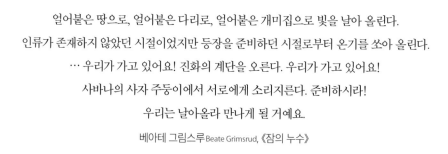

얼어붙은 땅으로, 얼어붙은 다리로, 얼어붙은 개미집으로 빛을 날아 올린다.
인류가 존재하지 않았던 시절이었지만 등장을 준비하던 시절로부터 온기를 쏘아 올린다.
… 우리가 가고 있어요! 진화의 계단을 오른다. 우리가 가고 있어요!
사바나의 사자 주둥이에서 서로에게 소리지른다. 준비하시라!
우리는 날아올라 만나게 될 거예요.

베아테 그림스루Beate Grimsrud, 《잠의 누수》

예일대학교의 교수인 엘리자베스 비르바는 잘 알려진 고생물학자(화석연구자)이다. 그녀는 스티븐 제이 굴드Steven J. Gould와 공동으로 굴절적응exaptation 이론을 발전시킨 연구로 저명하다. 굴절적응이란 오늘날 생물 종에 유용한 특성과 기질들이 본래는 다른 목적으로 진화했을 수 있다는 이론이다. 예를 들어 새의 날개는 기본적으로 비행에 적합하기보다는 온도 조절기의 역할에 적합했다는 것이다. 비르바가 직접 발전시킨 여러 이론 중 덜 알려져 있고, 과거에는 큰 관심을 받지 못했지만 기후 변화 때문에 최근 재조명을 받고 있는 이론이 있다. 전환파동Turnover Pulses 가설이라는 이론인데 지구 종의 큰 변화는 전 지구적인 기후와 생태의 변화로 인해 이루어졌다는 것이다.

비르바가 젊은 연구자였을 시절 남아프리카에서 영양의 화석을 연구하며 시작된 이론이다. 그녀는 트란스발Transvaal 지역의 석회암 동굴에서 다량의 화석을 발견하여 연대별로 분류하였다. 그녀는 화석들을 탐구하며 눈에 띄는 특징을 발견하는데 약 250만 년 전의 화석 중에 주목할 만한 변화의 흔적이 있었다. "이빨 같은 해부학적 특징은 250만 년 전에 살았던 영양이 습도가 높은 산림지대에 살았음을 보여줍니다. 그러나 얼마의 시간이 지나지 않아 밀림 영양은 사라집니다. 대신 더 건조하고 열린 공간인 사바나에서만 풀을 뜯으며 살 수 있는 새로운 종류로 대체되었죠."비르바 박사는 이렇게 말한다.[42]

유사한 거대 변환기를 겪은 건 영양만이 아니다. 이후에도 연구자들은 에티오피아, 케냐, 탄자니아 등 아프리카의 곳곳에서 비슷한 변화를 발견한다. 당시 기후는 급격하게 변했다. 아프리카의 동쪽과 남쪽 지역은 더 건조해지기 시작하여 밀림이 초원으로 바뀌게 된 것이다. 아프리카의 기후 변화는 더 큰 규모로 벌어진 세계적인 기후 변화의 일부였다. 바로 이 시기, 약 250만 년 전에 북반구에서 큰 규모의 결빙이 정점을 찍었고 우리가 '대빙하 시대Great Ice-Age'라고 부르는 시기가 시작된다. 남극은 이미 결빙되었고 곧바로 북반구에도 결빙이 진행되었다. 빙하는 성장하여 처음으로 그린란드를 점령했고 북유럽과 러시아, 북아메리카까지 거대한 빙상이 뒤덮었다. 그러나 결빙의 영향은 북반구 지역에만 제한되지 않았다. 지구 전체의 기후가 변했다. 결빙이 대기 중 습도의 대부분을 흡수해 버렸기에 온도는 내려갔고 건조해졌으며, 해수면은 몇 미터가량 낮아졌다.

기후 변화는 식생도 급격하게 변화시켰다. 우리가 동부와 서부 아프리카에서 볼 수 있는 전형적인 사바나지역이 일전에는 밀림이었던 지역을 점령해나갔다. 식생의 변화는 동물의 삶도 바꾸었다. 숲에서의 일상에 적응해 온 동물들은 새로 형성된 초지에서 더 잘 살 수 있는 종으로 진화했다. 건조한 기후에 최적화된 오릭스 영양이 그 예이다. 해부학적인 변화와 행동양식의 적응을 통해 변화는 점차적으로 진행되었지만 시간이 지남에 따라 식물상과 동물상도 바뀌게 된다. 영양에게만 해당하는 변화가 아니다. 말과 같은 발굽 동물이 아프리카에 등장하게 된 것이다.

동시에 호미니드의 여러 분파가 생겨났고 호미니드의 친척 중 유일하게 살아나는 종은 바로 우리, 현생인류이다. 처음에는 선행인류의 여러 분파 중 하나인 오스트랄로피테쿠스가 등장했다. 이는 점차 분화하여 최초의 호모 계열의 종이 되었고 다양한 계열로 갈라지며, 이 분화의 역사는 지금도 매번 다시 쓰이고 있지만 최초라고 여겨지는 종은 호모 하빌리스Homo habilis와 호모 루돌펜시스Homo rudolfensis이다. 호모 에렉투스Homo erectus는 우리와 좀 더 비슷하고 아프리카를 벗어나 중동, 아시아, 유럽으로 퍼져나간 최초의 호모 계열의 종이다. 우리의 가장 가까운 친척인 네안데르탈인Neanderthal man과 데니소바인Denisovan은 호모 에렉투스에서 분파되었을 것으로 보인다.

원시인류의 분파는 점차 추워지고 건조해진 아프리카 지역에서 지구가 기후 변화를 겪을 때 발생한 사건이다. 이처럼 많은 종들은 현재 우리의 연원이 되는 한 종을 제외하고 꽤 급작스럽게 멸종되었다. 비르바는 현생인류의 포괄적이고도 급격한 진화적 변화가 '전환파동'이라고 불리는 기후 변화의 시기와 연관되어 여러 차례 발생하였다고 주장한다. 자연환경과 생존환경이 급격하게 변하면서 새로운 적응 방식이 요구되었다. 진화적 변화를 강요한 것은 기후였다. 새로운 종은 새로운 치아 구조, 새로운 소화 시스템, 새로운 행동양식을 필요로 했다. 그리하여 풀 뜯어 먹던 종은 과일 따 먹던 종과 달라진 것이다.

하버드대학교의 생물학자인 에른스트 마이어Ernst Mayr가 이미 1940년대에 주장했던 내용도 마찬가지다. 큰 규모의 기후 변화 혹은 환경의 변화는 예를 들자면 지형이 '섬'으로 나누어지는 등의 일로 특정 동물이나 식물이 다른 종으로부터 고립되게 한다는 것이다. 그렇게 되면 서로 간 유전자를 교환하는 일이 불가능해지고 다른 방향으로 진화를 하게 된다. 이 과정이 오랫동안 지속이 되면 유전적 차이가 심해져 서로 한 종으로 묶일 수가 없게 된다. 이렇게 다른 종이 되는 것이다.

기후와 환경의 변화는 이렇게 진화를 촉진시키고 새로운 특징과 형질의 발전을 야기하며, 종국엔 새로운 종의 분파를 이끈다. 반대로 안정적인 환경 하에서는 아무 일도 일어나지 않는데, 개체 수가 진화의 상쇄상태인 소위 정지stasis가 되며, 여전히 돌연변이가 생기더라도 재빨리 사라지게 된다.

비르바가 분석했던 지구의 시기에는 새로운 영양의 종들만 생겨난 것이 아니고 우리의 종 분류인 호모가 최초로 생겨난 시기이기도 하다. 호모의 탄생에는 특별한 상황이 선행했다. 빙권의 급격한 성장으로 더 한랭 건조한 기후가 만들어진 것이다. 약 250만 년 전 대빙하 시대의 시작은 우리 자신의 계통이 분기된 시작이기도 하다. 결빙이 없었다면 인류가 탄생할 수 없었을 것이다. 우리는 모두 얼음의 아이들이다.

비르바가 전환파동 이론을 주창했을 때 이론은 회의론적 반박에 부딪혔다. 자연적 조건에서 인류의 역사를 직접적으로 연결하는 일이 어쩌면 '결정론Determinism'의 시각으로 받아들여졌기 때문일 것이다. 사람들은 자연이 인류의 운명에 이렇게나 직접적인 영향을 끼친다는 걸 믿을 수 없어 했다. 하지만 이후의 연구는 그녀의 이론을 증명했다. 영국 지질학자인 마크 매슬린Mark Maslin과 그의 동료들이 동부 아프리카에서 인류가 등장했던 700만 년 전에서 100만 년 사이의 시기 자연환경을 연구한 결과가 그러했다.

당시는 북반구의 결빙화가 가속화되던 시기였다. 그 결과로 아프리카는 건조기후를 띄게 된다. 사하라와 아라비아 지역에 모래와 먼지가 늘어나던 시기이다. 동시에 북쪽에서 남쪽으로 동아시아 전역을 가로지르는 열곡*의 지질학적 변화로 인해 거대한 기후 변화도 일어났다. 변화의 파장으로 열곡에 생겼다가 소멸되는 호수가 형성된다. 매슬린과 동료들은 지구의 이런 변화가 초기 인류가 어떻게 진화를 하여 확산되게 되는지를 밝히는 데 결정적 역할을 했다고 주장한다. 이들의 연구는 비르바가 주창한 연구보다 한 발자국 나아가 인류의 초기 역사에서 급변했던 지형의 상세 지도를 그렸지만, 비르바의 이론에서 제기된 핵심 내용에서 벗어나지 않는다. 영국의 학자들은 이 시기에(최초의 호미니드가 등장했을 때부터 호모 에렉투스가 아프리카에서 떠나기까지) 변화하던 기후가 원시인류 종의 진화와 확산에 지대한 역할을 했다고 결론지었다. 북극의 증가하던 결빙은 아프리카의 동부와 남부의 기후에 결정적인 파급효과를 낳았으며 인류의 진화에도 영향을 미쳤다는 것이다.[43]

---

* 확장이 일어나는 두 개의 단층 사이에 생선된 골짜기 — 편집자 주

기후와 식생의 이러한 변화가 어떻게 우리 인간종이 생존자가 되게끔 만들었을까? 스미스소니언 연구소Smithsonian Intitute의 릭 포츠Rick Potts는 흥미로운 이론을 제기한다. 250만 년 전 빙하기가 시작되었을 때 기후 변화는 전보다 더 빠르고 빈번히 발생했다. 환경변화는 적응력이 강한 종을 선호했다. 때문에 도구를 만들거나 더 넓은 지역으로 오랫동안 돌아다니기 위해 뇌의 크기가 커질 필요가 있었다. 바로 이 점에서 우리는 다른 호미니드와 차이를 보인다. 우리의 뇌는 빠르게 큰 크기로 발전했고 다른 환경에서도 적응하기 쉽게되었다. 생존을 위한 새로운 전략을 도입하거나 무리를 지어 살며 협동을 하고 돌과 불을 다루는 간단한 기술도 사용하게 된다. 더불어 이런 기술들을 잘다룰 수 있게끔 미세한 움직임까지 조정할 수 있는 손을 발달시켰고, 팔과 어깨는 돌을 던지거나 후에는 화살을 쏠 수 있게끔 우리가 직립보행을 하게 됨에 따라 더 넓은 지역으로 이동할 수 있게 되었고, 심지어 아프리카를 벗어나세계로 나아갔다. 달리 표현하자면 너무나 자주 바뀌는 기후가 생각하고 던지고 걷거나 멀리 뛸 수 있는 인간의 특질을 지닌 호미니드과로 원시인류의분화를 촉진시켰다는 것이다.[44]

노르웨이의 스포츠 영웅인 창던지기 선수 안드레아스 투르실드슨과 체스챔피언 망누스 칼슨 모두 자신의 능력에 감사해야 할 대상은 아프리카의 먼선조들일 것이다.

빙권이 지구를 지배하던 시절(약 250만 년 전)에 인류의 친척인 호모-계열의 종만 탄생한 것이 아니다. 우리가 속한 현생인류인 호모 사피엔스도 극도의 추위와 건조의 시절에 등장했다. 북극은 무자비한 추위에 휩싸였고 유럽,시베리아, 북아메리카의 대부분 지역이 얼음으로 뒤덮였던 빙하기였다. 아프리카에는 산의 정상(여전히 눈이 조금 남아 있다.)을 제외하면 눈이 많지 않았다. 많은 물이 얼음의 형태로 뭉쳐져 있었기에 빙하기에 으레 그렇듯이 아프리카는 굉장히 건조했다.

아프리카의 사바나가 점차 더 건조해지던 이곳에서 현생 인류인 호모 사피엔스가 최초로 등장한다. 그들의 흔적이 많이 남아 있지 않기 때문에 정확히 어디에서 언제 발현했는지를 말하는 건 어렵다. 최근에 발굴된 유적은 호모 사피엔스가 30만 년 전에도 존재했음을 보여주는 듯하지만 이마저도 확실하지는 않다. 호모 사피엔스의 수가 얼마나 있었는지도 알지 못하지만 유전학적 분석을 통해서 어느 시점엔 만 명 정도가 있었을 것으로 추정한다. 우리의 선조들에게는 참 생존하기 어려웠을 시절이었음은 분명한데, 바로 이 어려운 시기에 새로운 변종이 승자가 된 것이다. 새로운 환경에 적응하지 못한 다른 종은 종 전체가 사라지거나 새로운 변종이 분화하여 틈새를 찾아 나서며 생존을 이어나가기도 했다.

인류의 종이 진화하는 과정에서 보이는 한 가지 경향은 새로운 종류의 기술의 도움으로 생존 능력을 키워왔다는 것이다. 시작은 돌도끼와 함께 등장한 호모 하빌리스였는데, 불을 사용할 줄 알고 더 발전된 도구를 사용했던 호모 에렉투스로 이어졌다. 호모 사피엔스는 더 다양한 기술을 사용하여 인류에게 잔인한 기후인 빙하기가 야기하는 어려움에 대처할 수 있는 능력을 갖추게 된다. 여기에서 말하는 다양한 기술은 옷, 가재도구, 발전된 무기 등이다. 이 기술 덕분에 사피엔스가 점차 전역으로(중동, 아시아, 호주와 유럽까지) 퍼져나가 자신들의 친척들보다 더 잘 살아남게 되었을 것이다. 사피엔스는 유럽과 아시아에서 몇천 년 동안 살아온 친척인 네안데르탈인과 호모 에렉투스의 다른 후손을 능가하거나 전멸시켰을 것이다. 사피엔스는 그들보다 더 발전된 언어를 사용하여 서로 협력하고 의사소통했던 것으로 보인다.

사피엔스가 아프리카를 떠났을 때는 북부 유럽과 러시아 일부가 얼음으로 뒤덮여 있던 빙하기였다. 하지만 얼음의 땅 남쪽으로는 툰드라지대가 있었다. 툰드라는 순록과 매머드 같은 초대형 초식동물들이 살기엔 최적의 조건이었다. 얼음의 확장과 감소로 인한 움직임은 초식동물들이 먹이로 삼는 초목과 지의류의 성장 가능성을 높였다. 여전히 스칸디나비아, 러시아, 북아메리카 등 북부 지역에서 초식동물들이 (매머드는 빼고!) 생존하는 방식 그대로 말이다. 그러니 추위를 견뎌내고 대형 동물을 사냥할 줄 알던 인류 종에게는 이 시기가 어려운 시절이 아니라 호시절이었을 것이다.

대형 동물을 사냥하던 문화는 현존하는 동굴벽화의 근사한 모습을 통해 흔적을 찾을 수 있다. 서쪽으로는 스페인부터 동쪽의 우랄 산맥까지 이르는 지역에서 2만 년이 넘는 시간 동안 보존되어 있다. 그림의 모티브는 주로 많은 동물과 사냥장면이 담긴 대형 동물 사냥꾼으로의 삶이다. 동굴벽화가 어떤 용도로 쓰였는지 또 동굴벽화를 둘러싸고 어떤 의식을 치렀는지 정확히 알 수는 없다. 저명한 고고학자인 스티븐 미슨Steven Mithen 은 동굴벽화가 동물과 사냥에 대한 지식을 사람들 사이에 전달해주기 위한 문화적, 종교적 행위의 중심이었을 것이라 주장한다.[45]

대형 포유류를 사냥하고 생존하기 위해서 필수적으로 갖춰야 지식들이 있다. 어떤 동물을 사냥하는 게 현명할지, 언제 동물들이 이동하는지, 어디에서 공격해야 효과적일지, 사냥이 어떤 방식으로 이뤄지면 좋을지(함정, 집단적 공격전략, 무기 등) 등의 지식들 말이다. 덧붙이자면 어떤 원재료를 사용해서 무기를 효과적으로 만들어낼 수 있을지도 배워야만 했을 것이다. 또 많은 포식동물들이 당신을 가능한 먹이로 여기고 있었다. 같은 종이든 다른 종이든 다른 인류가 당신을 위험한 경쟁자나 적으로 생각하는 잔인한 환경에서 생존하기 위해 지식과 능력을 갖춰야만 했을 것이다. 빙하기에 사냥꾼으로 사는 일은 힘들었지만 이 어려움을 이겨낸 사람들에게는 즐거운 삶이었을지도 모른다. 오늘날에도 여전히 많은 사람들이 이런 생활방식을 경험하려고 엄청난 금액을 지불하고 있지 않은가. 동물사냥을 떠나보거나 야생 초원으로 떠나서 '원시적'으로 살아보려고 말이다.

하지만 대형 포유류 사냥꾼의 후손처럼 살아보려고 큰돈을 내는 사람은 아무도 없다. 베트남에서 쌀이 자라는 논의 방문일꾼 체험은 '경험하는 휴가'로 홍보되지 않는다. ('농장관광'은 노동이 아니라 관광을 하는 것이다.) 농부의 삶은 지루할 뿐 아니라 덜 건강한 방식이기도 하다. 출토된 인류화석을 연구한 결과는 농부들의 수명이 사냥꾼이었던 선조들보다 더 짧았고 치아 상태도 엉망이었으며 전반적으로 건강도 약했다고 한다.

그래도 인류는 정착해 거주 생활을 시작하고, (가축을 키우거나 농작물을 재배하고 수확하는) 농업으로 생계 수단을 바꿔 우리가 문명이라고 부르는 발전으로 이어졌다. 인류의 역사에서 (유전학적이라기보단 문화적인) 이 극적인 변화는 빙권의 변화와 동시에 이루어졌다. 이러한 변화는 연이은 기후 전환이 발생하는 빙권에 의해 초래되었을지도 모른다.

# 에덴동산에서의 추방

"여호와 하나님이 에덴동산에서 그를 내보내어
그의 근원이 된 땅을 갈게 하시니라."

창세기3장23절

아부 후레이아Abu Hureyra에서의 삶은 호사로웠다. 이따금 온도를 식혀줄 달콤한 소나기가 내렸고 날씨는 온난하고 좋았다. 숲은 날것으로 먹어도 되는 피스타치오와 줄지어 나란히 자라는 나무에서 열리는 다채로운 열매들과 같은 견과류로 가득했다. 도토리는 먹기까지 좀 노동이 필요하기는 하지만 먹으면 배부른 음식이었고 숲에 지천으로 널려있었다. 숲 근처에는 인류가 후에 '곡물'이라고 부르게 되는 야생 밀과 보리의 씨앗이 있는 풀들이 자랐다. 숲에는 그들이 사냥할 수 있는 동물도 살았다. 특히 초여름에는 사막 가젤 떼가 무리를 지어 이동을 하기 때문에 사냥하기가 용이해져서 고기가 넘쳐나던 시기였다.

살아가기에 최적화된 조건들 덕분에 아부 후레이아처럼 오늘날 우리가 잘 아는 정착지들이 우후죽순 생겨나게 된다. 아부 후레이아는 영국의 고고학자 앤드류 무어Andrew Moore가 시리아 북부에서 수력발전소 건설 전에 실시한 발굴에서 밝혀졌다. 아부 후레이아에 정착한 사람들은 어쩌면 이전의 인류보다 훨씬 더 잘 살았을 것이다. 생활이 풍족하다 보니 새로운 기술을 발전시켜야 할 필요도, 새로운 생존전략을 연구할 필요도 없었다. 에덴동산 자체였다. 오늘날 우리가 레반트Levant라고 부르는 당시 지구의 비옥한 지역에 위치했던 다른 도시도 마찬가지였을 것이다.[46]

그러나 1만 2800년 전에 갑자기 기후가 변하게 된다. 생명을 촉촉이 적셔주던 소나기는 사라지고 기후도 건조해지고 추워졌으며 숲은 더 이상 예전처럼 자애롭지 못했다. 숲의 크기도 줄어들었다. 기후 변화로 인해 모두를 먹일 만한 식량이 부족해지자 아부 후레이아에 살던 사람들은 어려움에 봉착했다. 그들에게 남은 한 가지는 오늘날 밀과 보리의 기원이 된 야생 곡물뿐이었다. 하지만 야생 곡물을 통해 영양분을 섭취하기는 어려웠고 인류는 새로운 출구를 찾아 나서야만 했다. 그들은 씨앗이 땅속에 묻히거나 습도가 충분한 들에 뿌려지게 되면 싹을 틔운다는 걸 본 적 있었다.

누군가 의식적으로 가장 싹을 많이 틔우는 씨앗 종류를 땅에 뿌리기 시작했다. 또한 무르익자마자 바람에 씨앗에 쉽게 날리지 않아서 수확하기에 용이한 씨앗이 있는 작물을 선택했다. 순전히 생존의 위급상황이 아부 후레이아의 정착민들이 농업을 발전시키도록 강요한 것이다. 노르웨이 속담에서는 '위급해져서야 헐벗은 여인이 물레를 배운다.'라고 말한다. 다급한 위험이 인류에게 음식을 생산할 수 있는 새로운 방식을 가르쳤다고 볼 수 있는 것이다.

농업이 여러 세대를 거쳐 발전해오며 곡물의 유전학적 특질이 변화했다. 아부 후레이아의 사람들은 유전적 변화는 알지도 못했지만 인류 최초의 경작 시도를 해냈고 현대말로 표현하자면 농부가 되었다. 그들은 더 이상 자연이 제공하는 것만 취했던 사냥꾼이나 채집꾼이 아니었다. 스스로 자연을 변화시킬 줄 알았고 경작 가능한 들에서 키워낸 작물을 경작할 수 있는 사람들이었다. 그들은 그들이 인류 역사에서 가장 위대한 혁명일지도 모르는 농업혁명을 이끌었다는 것을 몰랐을 것이다.

농업의 발전은 아부 후레이아에 국한된 사건이 아니다. 고고학자들은 레반트와 중동에서도 유사한 발전의 흔적을 찾아냈다. 오스Ås 지역에 위치한 노르웨이 생명과학대학의 교수이자 유전학자인 만프레트 호인Manfred Heun은 아부 후레이아의 정착민이 밀과 보리를 재배하기 시작했을 당시에 터키의 카라카닥Karacadag 산맥에서 어떻게 인류가 밀의 야생 친척종인 외알밀을 경작하게 되었는지를 연구했다. 호인과 그의 동류들은 외알밀의 야생종과 재배종의 유전자를 분석하여 무엇이 현대밀의 전신인지를 알아냈다.

호인에 따르면 외알밀은 영양소가 아주 풍부하고 맥주를 제조하기에도 적합하다고 한다. 이 사실은 생각보다 훨씬 더 중요하다고 호인은 강조한다. 카라카닥 주변에 위치한 지구상 가장 오래된 사원지역인 괴베클리 테페Göbleki Tepe의 건설에 큰 역할을 했기 때문이다. 그는 맥주가 사람이 거주한 직접적인 흔적이 없는 사원을 건설하던 노동자들을 동원하는 데 쓰였을 것이라 믿는다. 괴베클리 테페에서 발굴된 토기는 곡물을 저장하기에는 큰 크기였고 맥주를 제조하는 데 쓰였을 것으로 추정된다. 호인은 외알밀로 직접 맥주를 만들어보기도 했다.[47]

레반트 혹은 '비옥한 초승달 지대the Fertile Crescent'에 살았던 사람들은 행운이었다. 해당 지역에서는 경작이 가능하여 유용한 농작물이 될 수 있는 곡물, 꼬투리열매 등 다양한 작물이 자랐다. 또 추후 발굴을 통해 이 지역에서는 쉽게 길들일 수 있는 염소와 양 등의 동물도 살았음이 밝혀졌다. 하지만 인류는 몇천 년 동안이나 미처 길들이지 못한 작물과 가축과 함께 살아왔다. 도대체 왜 이제서야 농업혁명이 시작된 것일까?

설명은 북극의 빙권에서 발생한 극적인 사건에서 찾을 수 있다. 빙권은 완전 먼 지역인 중동의 기후를 변화시켰다. 마치 누군가 걸프 해류The Gulf Stream 의 수도꼭지를 잠가버린 듯했다. 온기를 해저로 보내고 북대서양과 북유럽에 온난한 기후를 환류시키는 이 거대한 '열선'이 꽤 급작스럽게 멈춰버렸다. 직접적인 원인은 북대서양의 해양에 지나친 양의 담수가 쌓여서 걸프해류를 순환하게 하는 기제인 열염순환Thermohaline Circulation 이 완전히 혹은 일부분 중단되었기 때문이었다. 남쪽에서 올라오는 따뜻한 해수는 보통 밑으로 침강하고 해저 깊은 곳에서 다시 남쪽으로 돌아가며 카리브해Caribbean Sea 에서 새로운 물을 만나 일종의 '흡입창구'가 생긴다. 이 과정이 발생하는 지역에 담수라는 '뚜껑'이 한 겹 덮이면 순환기제가 제대로 작동할 수 없다. 지표수가 침강하지 못하면 '흡입창구'는 사라지고 따라서 해류가 멈춘다.

갑작스러운 담수의 '홍수'를 촉발한 원인이 무엇인가에 대해서는 여전히 논쟁 중이다. 지배적인 이론은 북아메리카의 빙하 해빙이 만든 거대한 호수인 아가시즈 빙하호Lake Agassiz 에서부터 담수가 캐나다 북부의 세인트로렌스만Gulf of St. Lawrence 으로 밀려들었다는 것이다. (아가시즈호는 이전에는 멕시코만으로 흘러나갔다.) 북대서양에 엄청난 양의 담수가 흘러오자 담수는 바다의 윗부분을 일종의 뚜껑처럼 덮게 되고 열염순환을 중단시키게 된다. 다른 이론에 따르면 북쪽으로 이동하는 극지방의 제트기류jet stream가 빙상의 변화로 인해 북대서양의 기상상태를 변화시켰다는 것이다. 그 결과 비가 많이 내리게 되었고 다량의 담수가 해수면으로 밀려들게 된 것이다.

시작 원인이 무엇이든지 간에 기후적 영향은 엄청났다. 온도는 몇 도나 내려갔고 1000년이 넘는 시간 동안 마치 빙하기가 돌아온 듯했다. 북유럽에서는 숲이 툰드라로 변해버렸다. 이 시기의 이름이 되기도 한 북극의 꽃 드라이아스Dryas가 꽃피우던 시기였다. 그러나 남쪽 지역에서도 인류는 기후 변화를 마주하게 된다. 중동에서는 온도가 그리 춥지는 않았지만 건조한 기후가 문제를 일으켰다. 몇천 년간이나 온난하고 습도가 있는 기후 덕분에 동물과 식물이 성장하기엔 최적의 환경이었던, 어쩌면 인류 역사에서 가장 풍족하게 살았을지도 모르는 시절이 갑작스러운 식량부족 사태에 부딪힌 것이다. 숲은 쪼글쪼글해지며 줄어들고 견과류, 베리류, 동물 등 숲이 주던 달콤한 열매에 익숙하던 사람들은 먹을 만한 다른 식량을 찾아내야만 했다. 누군가는 굶주림으로 아사에 이르렀지만 조금 더 운이 좋았거나 조금 더 현명했던 사람들은 인류를 새로운 생활양식, 농업으로 이끌었다.

이처럼 1000년 넘게 지속된 건조한 시절인 영거 드라이아스기Younger Dryas가 비옥한 초승달 지대에서 인류 최초의 농부를 탄생시켰다.

1000년이 지난 후 기후가 차츰 나아지자 인류는 새로운 농업 방식을 도입하여 다른 종들도 경작이 가능하도록 발전시켰다. 인류는 여러모로 더 건강에 좋고 노동력이 덜 드는 일일 수 있는 수렵채집사회로는 돌아가지 않았다. 인류는 새로운 기술을 사용하기 시작하면 '다운그레이드'하여 발전 이전의 삶으로 돌아가지 않는다. 어쨌든 농업은 더 많은 인류에게 식량을 배분할 수 있는 방식이었다.

북극의 빙권에서 발생한 큰 변화로 인해 야기된 급격한 기후 변화가 우리 인류를 농부가 되도록 강요했다는 사실을 다시 생각해보자. 신이 인간을 에덴동산에서 추방시켜 밭을 갈게 하는 벌을 내렸다는 성경의 이야기가 떠오르는 부분이 아닌가? 밭을 가는 일은 고된 노동방식으로 여겨졌음이 명백하다. '얼굴에 땀을 흘려야 먹을 것을 먹으리니…'와 같은 창세기 3장 19절처럼….

농업혁명은 문명을 일구기 위한 첫 번째 단계일 뿐이었다. 최초의 농부들은 여전히 사회적 시민이 아니었다. 그들은 가족 단위로 살며 자급자족했고 타인들과 교류를 많이 하지 않았다. 이후 3000~4000년의 시간 동안 인류는 이 방식으로 살았다. 기후는 최적이었다. 북서쪽에서 불어오던 차갑고 건조한 바람은 물러갔다. 대신 서풍이 중동에 습기와 온기를 데려왔다. 중동에 살던 사람들은 전보다 더 포괄적인 생활양식을 영위하게 되었다.

그들은 영거 드라이아스기의 식량 위기에서 발전시켜 온 농업 방식을 후대에 전달했고, 인류는 새로운 기후에서 다시 잘 자라기 시작한 견과류와 숲에서 얻은 야생초들을 나누어 먹기 시작했다. 그들은 큰 변화를 바라지도 않고 그대로만 계속 살 수 있기를 원했을지 모른다. 기원전 6200년에 등장한 소빙하기가 오지 않았더라면….

다시 북아메리카의 거대한 로렌타이드 빙상Laurentide Ice Sheet이 이동하던 시기의 북극 빙권으로 시선을 돌려보자. 지구에서 가장 큰 빙하가 우르르 녹아내려 완전히 무너져버리는 바람에 북대서양으로 엄청난 양의 물이 세인트로렌스만Gulf of St. Lawrence으로 흘러 들어갔다. 이에 따라 걸프 해류는 다소 짧은 시간인 '단' 400년 동안 멈춰 버렸지만 후폭풍은 엄청났다. 문제는 농업이 이미 시작된 상황에서 인구가 증가했다는 것이었다. 갑자기 기후가 악화되어 가뭄이 찾아오면 인류는 무엇을 할 수 있었을까?

대부분 뚜렷한 해결책은 없었다. 어떤 이는 농사짓는 걸 포기하고 길들인 양과 염소 무리를 따라다니며 목축에 투자했다. 할 수 있다면 여전히 강이나 호수 주변에 담수를 구할 수 있는 지역으로 이사를 갔다. 동물 떼처럼 건기에 오아시스 주변에 무리를 지어 살다 보니 인구가 집중되었다. 사람들은 친족이 아닌 사람들과도 함께 사는 법을 배워야만 했다. 인구집중은 인류가 수렵채집을 하던 시기에는 불가능한 일이었지만 농업을 함에 따라 함께 사는 일이 가능해졌다. 이는 사회적, 문화적 적응을 요구하는 일이었으며 '사회적인 기술'인 조직된 종교가 등장하게 된 계기였다. 수렵채집을 하던 시기에 존재한 대표적인 '종교'는 무속 신앙이 아니었다. 금기와 다른 도덕적 규칙이 중심에 서 있는 더 위계질서가 있는 종교였다. 사냥 사회를 지배하던 본능적이고 가족 지향적인 도덕은 아니었다. 다수의 사람이 함께 살기 위해서는 사람들의 행동양식을 규정하는 틀이 짜인 규칙이 필요했기 때문이다. 본능이 이끄는 대로 제 손으로 직접 옳음을 행하고 해결하며 살 수는 없었다.[48]

고고학자를 비롯한 여러 학자들이 면밀히 발굴을 진행해 온 결과 서양의 문명의 토대가 되는 중동에서도 주목할만한 공통점이 있다. 문명으로 가는 도약의 단계에 북극의 빙권이 허리띠를 졸라매게 하는 어려운 시기를 만들어 남쪽에 기후위기를 초래했다는 것이다. 농업혁명을 촉발한 영거 드라이아스 시기도 그랬고 기원전 5800~6200년에 발생한 '소빙하기Little Ice Age' 때도 그랬다. 소빙하기 때 사람들은 인구 밀도가 높은 지역에 몰려 살면서 도시가 발전하게 된다. 두 경우 모두 기후가 인류에게 다른 선택지를 주지 않았기 때문이며 어떻게든 적응해야만 했다. 그 모습은 여러 방면으로 나타난다. 도시 주변의 밀집된 인구 양상을 초래한 건기와 관개수로의 발전은 더욱 중앙집권화된 정치적, 종교적 구조를 만들어 냈다. 기후 변화가 인류가 문명으로 발전할 수 있도록 이끌었던 것이다.

엘리자베스 비르바 박사가 주장했던 것처럼 우리는 아프리카의 건기의 결과로 초래된 생물학적 진화의 패턴을 알고 있다. 적응하지 않으면 도태되는 사실 말이다. 하지만 홀로세holocene 시기에 우리 인류가 선택한 건 새로운 종으로의 진화가 아니었다. 진화엔 어마어마한 시간이 걸리는 일인데 인류 종은 등장 이후 그 오랜 시간을 살아내지도 못했으니 진화할 수도 없었다. 그 대신 전혀 새로운 유형으로 진화를 이루어 냈는데 행동양식을 변화하며 적응해 가는 문화적, 사회적 진화이다. 인류는 새로운 기술(농업기술)을 사용하고 새로운 거주의 방식(도시에서 함께 살아가는 방법)을 도입한 것이다. 이는 호모 사피엔스가 새로운 해결 방식을 찾아낼 수 있을 정도의 뇌를 가졌기에 가능했지만, 큰 규모의 사회적 구성원으로 살았기에 가능한 일이기도 했다. 네안데르탈인은 큰 규모의 구성원을 이루지 못하고 살았기에 도태되었다.

새로운 생활방식은 농부들에게나 도시인에게나 장미 위에서 춤추기* 격은 아니었다.

상승한 유일한 수치라고는 인구수뿐이었다. 식량 생산을 이루어 내는 방식은 인구 증가의 여지를 주었기 때문이다. 그들은 수렵채집 사회의 선조들보

---

* 한국의 '누워서 떡 먹기'에 해당하는 노르웨이의 속담 — 역주

다 더 풍요롭게 살지는 못했던 것 같다. 당대 인류의 골격 등 고고학적 발굴을 통해 확인한 바가 이를 증명한다. 농부들의 체구는 더 작았고 치아 상태도 더 안 좋았으며 수렵채집 사회에서는 사람들보다 더욱 단조로운 삶을 살았다.

게다가 더 가난하기까지 했다. 수렵채집 사회는 사람들이 필요한 걸 대부분 얻을 수 있었고 하루 노동시간도 4~5시간 이상은 아니었기에 (고고학자 마셜 살린스Marshall Sahlins가 명명한 대로)[49] '최초의 풍요로운 사회'라고 불리는 반면, 농부들은 더 고된 삶을 살았다. 농부들은 기본적으로 죽을 만큼 일했고 기쁠 일도 적었다.

지도자들은 큰 부를 축적할 수 있었지만 대부분의 삶은 그다지 나아지지 않았다. 경제 역사학자 그레고리 클라크Gregor Clar와 이언 모리스Ian Morris는 인류 대다수는 기원전 1800년이 되기까지 몇천 년의 기간 동안 더 나은 삶을 영위하지는 못했다고 꼬집는다.[50]

저자들은 "기원전 1800년경 사람들이나 기원전 10만 년 전의 고대 인류나 사는 형편에 큰 차이가 없었다. 사실 세계 전체를 놓고 볼 때 기원전 1800년경 사람들 대다수가 고대 인류보다 더 가난하게 살았다"라고 말한다. 더 극단적인 예는 이렇게 설명한다. '평균 수명을 살펴보면, 수렵과 채집을 하며 살았던 석기시대인의 평균 수명이 30세였던 데 비해 기원전 1800년경 사람들의 평균 수명은 35세로 그다지 크게 늘어나지 않았다. 또 신장은 영양 상태나 어린이의 질병 노출 가능성을 가늠할 수 있는 척도다. 그런데 석기시대인이 기원전 1800년경 사람들에 비해 신장이 더 컸다.'[51]

풍년이냐 흉년이냐에 따라 상황은 달랐지만 큰 그림으로 보자면 신석기 혁명부터 유럽의 르네상스 시기까지 인류가 함께 번영했던 건 아니다. 생활 조건이 조금씩 나아졌기는 했지만 미미한 수준이다. 기원전 1800년경부터 몇천 년 만에 급격한 발전을 이룩하게 된 갑작스러운 사건에 대해서는 여러 연구 결과가 나와 있다. 우선 증기기관의 발명이 결정적이었고 무역량이 증가하고 화폐경제가 도입된 일도 큰 영향을 끼쳤다. 그러나 빙권 역시 소빙하기를 통해 이 게임에 손가락 하나를 얹었다.

## 5부

겨
울
의

왕
국

# 얼음의 귀환

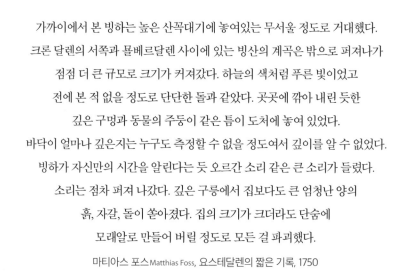

가까이에서 본 빙하는 높은 산꼭대기에 놓여있는 무서울 정도로 거대했다.
크론 달렌의 서쪽과 뮬베르달렌 사이에 있는 빙산의 계곡은 밖으로 퍼져나가
점점 더 큰 규모로 크기가 커져갔다. 하늘의 색처럼 푸른 빛이었고
전에 본 적 없을 정도로 단단한 돌과 같았다. 곳곳에 깎아 내린 듯한
깊은 구멍과 동물의 주둥이 같은 틈이 도처에 놓여 있었다.
바닥이 얼마나 깊은지는 누구도 측정할 수 없을 정도여서 깊이를 알 수 없었다.
빙하가 자신만의 시간을 알린다는 듯 오르간 소리 같은 큰 소리가 들렸다.
소리는 점차 퍼져 나갔다. 깊은 구릉에서 집보다도 큰 엄청난 양의
흙, 자갈, 돌이 쏟아졌다. 집의 크기가 크더라도 단숨에
모래알로 만들어 버릴 정도로 모든 걸 파괴했다.

마티아스 포스Matthias Foss, 요스테달렌의 짧은 기록, 1750

요스테달렌Jostedalen에서 목사로 근무하던 마티아스 포스는 1741년 요스
테달렌빙하의 큰 팔뚝이 그가 거주하던 지역으로 무너져 내렸을 때를 기록해

두었다. 빙하는 계곡 밑으로 엉금엉금 기어 내려와서 빙하사태를 일으켜 집들을 망가뜨렸고 거주환경은 급속도로 어려워졌다. "여름인데도 엄청난 추위가 찾아왔고 인근지역에 있는 농업지대의 농작물은 냉해를 입었다. 여름철마다 강한 햇살과 고온을 참아가며 들에서 열심히 작물을 수확하려던 사람들은 두꺼운 겨울옷을 입어야 했다."52

빙하가 녹은 물이 만든 호수 때문에 농경이 가능한 땅에 미친 피해도 심각했다. 포스는 이렇게 기술한다. "가늠할 수 없을 정도로 큰 강이 굽이치는 물살 소리를 내며 파도가 치는 거대한 호수처럼 바뀌었다. 이유는 물이 가진 엄청난 힘 때문이었다. 빙하 물이 넘쳐 흐르는 곳마다 길은 파괴되고 들은 폭파되어 버리다시피 했다. 빙하 물은 목초지와 거대한 나무 위로 쏟아져 산산조각을 냈고, 강물을 이루어 바다로 흘러갔다. 대체 얼마나 큰 피해를 일으킬 것인가! 요스테달렌은 철저한 파괴의 현장이었고 물은 계속해서 멀리 퍼져나가며 넘쳐흘러 전지역에 땅의 큰 피해를 주었다."

이 기록은 약 1300년에서 1850년까지 지속되었던 한랭기인 소빙하기를 기술해 놓은 몇 안 되는 노르웨이의 기록이다. 소빙하기는 북유럽뿐 아니라 북반구의 다른 지역에도 엄청난 파급효과를 가져왔다. 빙하가 성장하여 북유럽과 알프스 지역에 큰 피해를 가져왔다. (또한 북아메리카에서도 빙하가 증가했지만 끼친 피해에 대한 기록이 거의 없다.) 오늘날 연중 자유롭게 흘러가는 강들도 겨울철엔 얼어붙었다. 1607년부터 1814년까지 겨울강 축제가 열린 영국의 템스Thames강이 그 예이다. 절대로 얼지 않던 해안 지역도 얼어붙었다. 1837년에서 1838년으로 넘어가던 겨울에 노르웨이에서 덴마크로 가는 스카게라크Skagerrak해협이 얼어 버렸다. 1622년엔 금각만Golden Horn과 터키의 보스포루스Bosporos 해협의 일부가 얼었다. 북아메리카에서도 비슷한 일이 발생했다. 1780년에 뉴욕의 바다가 얼어붙어 사람들은 맨해튼Manhattan에서 스태튼 아일랜드Staten Island까지 도보로 걸어갈 수도 있었다.

이 사건은 단순히 '별 신기한 일이 다 있네?'하는 수준이 아니었다. 정치적 패권 싸움의 결과를 낳았고 국경선을 바꿔 버린 사건까지 있었다. 현재 노르웨이의 지도는 소빙하기와 직접적으로 연관이 있다. 1657년 가을 스웨덴의 야전군은 남쪽 방향에서 덴마크로 향하고 있었다. 30년 전쟁 이후 스웨덴은 폴란드와 독일 북부 지역을 점령한 터였다. 그러나 주적은 여전히 덴마크였고 스웨덴과 지속적인 갈등 관계에 놓여있었다. 스웨덴은 뛰어난 육군을 보유했던 반면 덴마크는 이에 필적할 만큼 유능한 해군을 자랑했다. 그래서 수도 코펜하겐은 물론이고 바다로 둘러싸인 덴마크의 입장에서는 스웨덴의 군대를 큰 위협으로 느끼지 못했다.

덴마크인들은 다만 기후 변화를 심각하게 생각하지 못했다. 당시 겨울이 유독 혹독했듯이 1657~1658년 사이의 겨울에 유례없던 추위가 들이닥쳐 덴마크의 바다가 얼어붙기 시작했다. 1658년 1월 얼음이 단단해지고 커지자 스웨덴의 왕 칼 10세 구스타브Karl X Gustav는 윌란반도Jylland에서 퓐Fyn섬을 넘는 릴레벨트Lillebælt 해협으로 군대를 보내는 도전을 감행했다. 침략은 거의 성공이었다. 군인과 말로 이루어진 두 기병 전대가 얼음 위로 전진하다 익사했지만, 대부분의 군사는 얼음을 넘어 도망을 치던 작은 규모의 덴마크군을 몰아냈다. 다음 장애물은 더 길고 넓은 스트레벨트Storebælt 해협이었는데 생각보다 진격은 어렵지 않아서 스웨덴 군대는 별 부상자 없이도 셸란섬 Sjælland에 다다르게 된다. 덴마크 사람들은 스웨덴 사람들이 코펜하겐까지 점령하기를 원치 않았기에 평화협정을 제안했다.

로스킬레Roskilde 조약으로 덴마크는 자국 영토의 3분의 1을 스웨덴에 할양하게 된다. 그렇게 넘어간 지역은 스코네Skåne와 노르웨이의 영토였던 보후스렌Bohuslän과 트론하임Trondheim 지방이었다.* 트론하임 지방(트뢰네라그Trøndelag 지역)은 추후에 다시 덴마크-노르웨이 연합으로 반환되었지만 보후스렌Bohuslän은 스웨덴의 영토로 남았다.[53]

북유럽 사람들 다수에게 더 심각했던 문제는 소빙하기가 몰고 온 나쁜 기후와 악화되는 흉작이었다. 최초의 저온 다습 시기는 1315년 여름에 발생했는데 그 직후 잘 알려진 유럽 대기근이 일어났다. 기상 조건이 마침내 나아지기 시작한 1322년까지 악화된 기후는 흉년과 기근으로 이어졌다. 당시 인구 그다지 많지도 않았던 유럽 전체에서 수백만의 인명이 그렇게 사라졌다. 많은 지역에서 인구수가 절반으로 감소할 정도였다. 1693~1694년에 프랑스에서, 1695~1696년에 노르웨이에서, 1697~1698년에 스웨덴에서 비슷한 흉년은 계속 이어졌다. 기근으로 인해 이 세 국가에서만 총인구의 10분의 1이 목숨을 잃었고 핀란드의 경우에는 3분의 1이 같은 운명을 맞이했다. 어떤 지역에서는 식인까지 일어나기도 했고 영국의 왕은 여행 중에 먹을 빵이 없는 상황에도 처하게 된다.

소빙하기는 많은 지역의 인구수를 감소시켰을 뿐만 아니라 한 사회를 송두리째 전멸시키기도 했다. 중세의 온난기에 만들어진 그린란드 서쪽의 노르드

---

* 당시는 덴마크 – 노르웨이연합 체제로 덴마크가 노르웨이를 식민통치하던 시기였기에 노르웨이 영토까지 스웨덴에 할양되었다. — 역주

족 정착지에서는 약 5000명의 인구가 살았었다. 노르드족 정착지에서 발굴한 유골은 1400년대에 농업 환경이 점차 나빠짐에 따라 그들의 건강도 악화되었음을 보여준다. 그러다 15세기 말에는 아무도 남아 있지 않았다.[54]

아이슬란드 사람들도 상황이 여의치 않았던 건 마찬가지였다. 이유 중 하나는 화산 분출 활동이 흉작으로 이어졌다는 것이다. 어쩌면 농작물에 필적할 만큼 중요한 자원이었던 대구가 차가운 수온을 견디지 못하고 남쪽으로 이동했기 때문일지도 모른다. 북유럽에 찾아온 추위 때문에 대구는 그린란드와 아이슬란드뿐 아니라 노르웨이 해안가에서도 사라져 버렸고, 대신 네덜란드의 어부들만 만선을 경험하게 된다.

무엇보다 중요한 사실은 캐나다 해안가 주변의 조경수역에서 대구 수확의 기쁨을 맛보게 되었다는 것이다. 그러다 보니 유럽의 어부들은 모험 가득한 어업에 참가하기 위해 대서양을 건너는 먼 길을 떠나게 된다. 바스크Basque 지방의 어부들이 콜럼버스Columbus보다 먼저 아메리카 대륙에 갔을 것으로 보인다. 대구는 염장하고 건조시킨 후 유럽의 고향으로 돌아왔고 가톨릭 신자들이 즐겨 먹는 식품이 되었다. 고기가 아니라 물고기다 보니 단식기간이나 금요일에도 먹을 수 있었기 때문이다.

어느 사회는 죽어갔지만 다른 사회는 번영하며 인구수를 되찾게 된다. 어떤 국가는 여러 이유로 이 시기를 더 잘 이겨낼 수 있었다. 소빙하기 시절에 톡톡히 이익을 보면서 말이다. 예를 들자면 '황금기Golden Age'라 불리는 유례없는 호시절을 경험한 네덜란드 같은 경우가 있다. 보통 황금기라는 단어는 네덜란드의 회화 미술 분야에서 쓰이는 단어지만 네덜란드인들은 당시 전반적으로 엄청난 진보를 이뤄냈다. 지구에서 가장 뛰어난 과학과 기술을 보유하고 배 건조 기술과 무기 기술로 인한 세계 최고의 식민지 권력을 이룩했던 시기였다. 기후 변화가 북해의 어업을 호황으로 이끌었기 때문이기도 하고, 또 동시에 당시의 네덜란드인들이 다른 국가들보다 새로운 시대에 더 쉽게 적응할 수 있는 문화와 사회구조를 갖춰서도 그러했다.

이 새로운 시대는 크게 보면 소빙하기가 빚은 작품이었다. 1300년대 초 흉년과 위기(흑사병 창궐 전에 시작되었고 흑사병으로 악화된 위기)는 중세시대를 해체시켰고 새로운 사회 구조를 낳았다. 도시는 더 커졌고 무역은 활발해졌다. 선박, 나침반과 시계 등에 관한 신기술은 세상 밖으로 원정을 떠나 부를 축적하는 일을 가능하게 했다. 교회의 전횡에 저항하는 반항 중 하나였던 마틴 루터Martin Luther의 종교개혁 이후 교회의 힘은 약해졌다. 영국 내 사회 변화에서 가장 주목할 만한 점은 농업구조가 자급자족에서 도시인들을 배부르게 하는 특수작물인 돈벌이 작물cash crop로 변화했다는 것일지도 모른다. 이 농업혁명은 이후 1700년대 중반에 발생한 산업혁명의 초석을 깔았고 이 혁명은 세계를 완전히 뒤바꾸게 된다.

산업혁명은 인류가 화석에너지를 활용하는 효과적인 방법을 찾아냈기에 가능했다. 초기의 화석에너지는 석탄이었다. 석탄은 온난기가 접어들어 거대한 열대성 우림이 생겼다가 급격한 한랭기로 선회했던 석탄기Carboniferous Period, 페름기Permian Period라고 부르는 지질시대에 주로 생성되었다. 특히 2억 6000만~3억 4000만 년 전에 얼음이 성장하고 쇠퇴하는 주기를 여러 차례 겪었던 한랭기에 주로 그랬다. 당시 지구의 대륙은 지금과는 다른 모양을 띠고 있었는데 하나의 커다란 대륙인 판게아 대륙이었다. 판게아 대륙의 대부분 지역은 남극점 주변에 놓여있었고 남위 40도까지 완전히 거대한 빙상이 놓이게 된 이유로 추정된다.

석탄기라는 이름 자체에서 알 수 있듯이 당시는 지구의 화석인 석탄이 생성된 시기였다. 당시의 특별한 식생과 동물 환경이 원인이기도 하지만, 동시에 해수면이 상승하고 하강하는 여러 주기를 겪으며 큰 규모의 유기체 물질이 물에 매몰되어 탄소(유기체의 중요한 구성요소)로 탄화되면서 석탄으로 변한 것이다. 1800년경까지는 적은 양의 석탄만 쓰였다. 그러나 석탄을 채굴하고, 수송하고 사용하는 새로운 방법의 발견과 산업혁명으로 사용량이 폭발적으로 증가했다. 지층에 3억 년 동안 잠자고 있던 에너지가 인간의 손에 들어오게 된 후 석탄의 사용은 가속화되었다.

다른 말로 풀자면 산업혁명은 3억 년 전 빙하기 시절에 빙권이 지구에 심어 둔 에너지 자원에 기반을 둔 것이다. 그리고 산업혁명은 소빙하기 때 빙권의 침략을 느낀 국가에서 새로운 생산방식을 찾도록 강제한 아주 사소한 기후 변화에서 촉발되었다. 기온이 낮아지고 작물의 재배환경이 혹독해지고 얼어붙은 물길과 눈으로 뒤덮인 지형이 있던 국가들에서 이런 소빙하기의 풍경은 그 당시 네덜란드의 화가들이 그린 회화에도 잘 드러나 있다.

(계속 추웠던 게 아니라 긴 변화 주기를 보인)이 한랭기를 일으킨 원인이 무엇인지는 여전히 명확히 밝혀지지 않았다. 어떤 학자는 밀란코비치 주기Milankovitch Cycles(빙하기 주기)가 촉발한 것이라고 주장하고, 다른 학자는 태양의 흑점 활동 변화로 인해 태양으로부터의 열복사가 줄어들어 발생한 일이라고 주장한다. 기억해야 하는 핵심은 당시 많은 지역에서 평균기온이 1도 이상 낮아지지 않았다는 것이다. 영거 드라이아스기와 빙하기 때는 급격한 온도변화가 있었던 것과 비교하자면 아주 사소한 변화였다. 오늘날 우리가

빙하의 반격

주창하는 지구 온도 2도 변화와 비교해도 그랬다. 하지만 이 1도 차이가 흉년의 연속과 동시다발적인 혁명을 이끌었다. (프랑스혁명도 일정 부분 1700년대 중후반에 이어진 흉년이 원인이었다.)

이처럼 작은 온도변화가 큰 여파를 만들게 된 이유는 해류 때문에 북구 지역이 기후 변화에 민감하기 때문이다. 특히 온도가 0도의 위아래로 변화할 때 민감도가 높아진다. 무엇보다도 이는 점진적인 변화가 아니라 아예 다른 상으로 변화하는 상전이Phase transition이다. 고체 상태의 물은 액체 상태의 물과는 전혀 다른 물질이다. 눈과 비가 전혀 다른 물질인 것처럼 말이다. 특히 농작물에 영상인지 영하인지는 삶과 죽음을 가르는 온도이다. 1도 추워진다는 건 겨울이 길어지고 성장 가능한 계절이 짧아진다는 것이다. 게다가 해마다 반복되는 예측할 수 없는 날씨는 인류에게 큰 위협이다. 대체 내년의 날씨가 어떨지 가늠할 수도 없어진다.

어려운 시기의 출구는 즉시 산업혁명으로 이어졌다. 산업혁명은 인류가 유례없는 규모로 번영을 맞이하고 인구를 증가시키도록 했다. 인류가 부를 축적할 수 있었던 주된 요인은 빙권이 3억 년 전에 저장해 놓았지만 현대에 와서야 사용하는 법을 배우게 된 화석에너지였다. 화석연료를 통해 지난 2세기 동안 우리는 역사상 그 어떤 시기보다도 풍족하게 살아왔다. 그러나 오늘날 우리는 바로 이 화석에너지가(석탄뿐 아니라 이후에 사용된 석유와 가스를 포함하여) 빙권이 녹도록 위협하고 있는 걸 보고 있다. 화석연료가 지난 몇백 년간 인류 역사상 최고의 번영을 누릴 수 있게 해준 이후에 말이다. 퍽이나 고마운 일이다.

# 불안정한 얼음
## 빙권에는 무슨 일이 일어나고 있는가?

10월의 어느 날 4시간 만에 온도가 영하 30도로 떨어지고 바다는 거울처럼 고요해졌다.
바다는 창조의 신비를 드러낼 준비를 하고 있었다.
하늘과 바다는 회색의 끈적이는 비단으로 만든 커튼처럼 함께 어우러져 빛나고 있었다.
물은 걸쭉해져서 야생 베리로 만든 담금주처럼 연한 붉은색이 되었다.
얼어붙은 아지랑이의 푸른 안개가 해수면 위로 풀어지며 올라오고
거울 같은 물 위로 멀리 움직였다. 그러나 물이 마르고 얼음이 되었다.
어두운 바다 위에서 추위는 장미정원을 만들었다.
짜고 얼어붙은 물방울은 얼음꽃으로 수놓은 하얀 담요로 변했다.

페터 회Peter Høeg, 《스밀라스Smillas 여사의 눈에 대한 감정》

작가 페터 회Peter Høeg는 스밀라스 여사의 눈을 통해 그린란드에서 어떻게
바다 얼음, 해빙이 만들어지는지를 묘사했다. 겨울마다 만들어지는 바다 얼
음은 새로 만들어지는데, 이 새로이 만들어진 바다 얼음은 앞으로의 여러 여

빙하의 반격

름을 살아낼 얼음이다. 겨울마다 새로운 얼음과 옛날에 만들어진 얼음은 함께 북극해를 덮고 여름철에도 많은 부분을 차지한다. 이 얼음은 최근 몇 년간 급속히 퇴각했는데 퍼져있는 범위는 물론이고 두께도 감소했다. 북극 이사회Arctic Council의 최근 보고서[55]에 따르면 여름 얼음은 2030년이 되면 완전히 없어질 것이고, 1975년과 비교하여 두께가 65퍼센트 감소할 것이라 한다. 북극 지역에서 광물과 석유를 찾고 싶은 사람들과 북극해를 유럽과 아시아를 재빠르게 이동할 수 있는 새로운 수송항로로 생각하는 사람들에게는 좋은 일이다. 하지만 기후 변화를 우려하는 많은 사람들에게는 위험천만한 신호다.

북극의 내륙과 해양에 있는 얼음들이 무슨 일을 겪고 있는지는 최근 큰 주목을 받는 뉴스거리이다. 2016년 11월 해빙은 평소보다 400만km²나 적은 양이었다. 2017년 3월의 얼음 양은 역대 최저기록을 찍었다. 면적만 줄어드는 것이 아니라 얼음이 얇아지고 불안정해졌다. "20년 전과 완전히 다른 얼음체계가 생긴 것"이라고 노르웨이 극지연구소Norsk Polarinstitutt 내 얼음 및 기후, 생태계 센터장인 하랄드 스틴Harald Steen은 말한다. 그리고 이렇게 덧붙인다. "녹고, 얇아지고, 유빙 등 여러 상황들이 점차 악화되고 있습니다. 얼음이 적어졌어요. 더 빨리 이동하고요. 대신 눈이 더 쌓였죠. 얼음은 재빨리 녹고 있고 군데군데 깨진 균열이 생겼어요."[56]

바다의 얼음이 줄어든다는 사실은 최근 바다의 온도가 급격히 상승한 스발바르섬 근처에서 쉽게 확인된다. 스발바르섬의 서쪽 해안엔 빙하에서 무너져 내린 얼음을 제외하고는 얼음이 거의 없다시피 하다. 21세기에 들어설 때쯤 북위 79도에 위치한 지구상 가장 북위도에 위치한 '도시'인 뉘-올레순Ny-Åle-sund을 내가 방문했던 시절에도 이미 마주했던 일이었다. 뉘-올레순은 로알드 아문센과 움베르토 노빌레Umberto Nobile를 포함하여 수많은 북극 탐험대의 출발점이다. 그들이 비행선을 정박했던 장소에는 여전히 표지판이 세워져 있다. 1962년(게르하르센Gerhardsen 정부 시대에 종지부를 찍은 노르웨이 정부 위기를 초래했고 장편영화로도 만들어진)심각한 사고가 발생하기 전까지 뉴-올레순은 광산 도시였다. 그러나 지금은 대략 30명 정도가 겨울을 보내고 겨울철 혹야 때는 실내 하키가 시간을 죽이는 최고의 오락거리인 국제적인 연구자 사회가 되었다. 여름철엔 더 많은 사람이 머무는데 전 세계에서 온 100여 명 정도의 연구자가 이곳에서 산다. 이곳은 과거엔 광산회사였지만 지금은 연구자들의 거주환경을 보살피는 킹스 베이 AS가 운영한다.

뉴-올레순이 위치한 콩스피오르Kongsfjorden 내부에는 연구자들이 매년 평균 1미터씩 얇아지고 있다고 보고하는 크로네 빙하Kronebreen가 있다. 최근 크로네 빙하 크기는 급격히 줄어들었다. 내가 이곳을 방문했을 당시에는 퇴각으로 인해 피오르에 새로 생긴 섬을 발견할 정도였다. 과거에 피오르를 뒤덮었던 해빙이 사라져 버린 것이다. 스발바르섬의 내륙에도 해양에도 얼음이 줄어들어서, 얼음이 없는 해양이 둘러싸고 내륙에는 점차 줄어드는 산악 빙하가 있는 노르웨이 내륙과 점차 비슷해지고 있다.

우리가 북극에 관해 이야기할 때 주로 두 종류의 얼음이 주제로 다뤄진다. 첫 번째는 해수의 결빙으로 이루어진 해빙이다. 해빙은 보통 연간 주기에 맞춰 성장하고 감소한다. 이 해빙이 가장 많이 논의되는 주제인 이유는 최근 몇 년간 얼음의 규모와 두께가 엄청난 속도로 줄어들었기 때문이다. 머지않아 여름철에 북극해에서 얼음을 찾아보기 힘들 것으로 예상되기도 한다.

두 번째 얼음 종류는 해빙처럼 큰 지역을 덮는 규모로서, 난센이 탐험을 했던 그린란드의 내륙 빙상과 더불어 스발바르섬과 기타 섬에 위치한 빙하이다. 그린란드의 내륙 빙상은 몇천 년이 넘는 나이로서 몇 킬로미터의 두께를 지녔기에 계절에 따라 큰 변화를 보이지 않는다. 불과 얼마전까지 오랫동안 가장 안정적인 얼음으로 여겨져 왔다. 최근까지도 학자들은 지금 같은 상태가 몇천 년 동안은 더 지속될 거라고 생각했다.

그러나 최근 그린란드의 내륙 얼음이 예상보다 더 빠르게 녹고 있다는 관측이 이어지고 있다. 연구자들에 따르면(타이타닉호를 침몰시킨 빙산을 내보냈다고 추정되는) 야콥스하븐Jakobshavn 빙하처럼 거대한 빙하도 과거 측정된 것보다 더 빠르게, 하루에는 최대 46리터, 1년에는 17킬로 리터의 물을 바다로 흘려보내고 있다. 따뜻해진 해저가 빙하를 녹여 물을 내보내, (빙하는 천천히 흐르는 강과 같다.) 빙하가 더 빠른 속도로 녹아내리게 된 것이다. 단순히 빙하가 녹는 현상과 더불어 정상 부근에 녹은 물이 축적되어 만들어진 물이 얼음 안으로 스며들어 얼음을 갈라지게 하고 있다. 대기 온도가 높기 때문에 생기는 일이다.[57]

과거의 항공사진과 비교를 해보면 빙하의 감소는 육안으로 관찰이 가능할 정도이다. 얼음이 녹으면 엄청난 양의 담수가 바다로 흘러들어 가고 북대서양의 해류 흐름을 방해한다. 걸프 해류라고 불리는 해류는 남쪽에서 올라오는 따뜻한 물의 염도가 높아지고 무거워져서 해저로 가라앉게 된 후 만들어진 심층수가 다시 남쪽으로 내려오는 순환을 유지시키는 북대서양 해류의 한 지류이다. 그린란드나 북극 지역에 엄청난 규모의 담수가 흘러들게 되면 열염순환은 제동이 걸리고 결국엔 멈추게 된다.

이건 가정이 아니라 역사상 여러 차례 발생했던 일이다. 그때마다 북쪽으로의 열전달이 약화되거나 완전히 멈추었다. 걸프 해류는 북유럽에 사는 사람들에게는 거대한 열선처럼 기능한다. 그들이 이곳에서 생존하고 농업까지 할 수 있는 이유다. 같은 위도상의 다른 곳(알래스카, 캐나다, 시베리아)에서는 너무 추워서 불가능했을 일이다.

내가 직접 본 충격적인 예는 알래스카보다도 북위에 있는 스피츠베르겐Spitsbergen 제도에 위치한 러시아의 광업도시 바렌츠부르그Barentsburg에 방문했을 당시였다. 놀랍게도 그곳의 러시아인들은 소를 방목하며 키우고 있었고 우유를 받아먹었다. 러시아 소가 유난히 강해서 그랬을 수도 있지만 내겐 그 소들이 털도 없고 꽤 평범하게 보였다. 소들은 북위 78도 지역까지 움직이며 풀을 먹었다. 걸프 해류 덕분이다. 만약 걸프 해류의 스위치가 '꺼진다면' 현재와 같은 노르웨이는 존재하기 힘들다. 해류 변화는 우리가 오랫동안 생각해오던 시나리오이기도 하다. 북극에는 너무 빨라서 상황을 제어하기 힘든 한계점을 뜻하는 티핑포인트Tipping Point의 가능성이 매우 크다. 변화는 아주 재빨리 일어날 수 있다. 인류가 발전시켜 온 정교한 방법을 동원하여 기후의 역사를 속속들이 들여다보면 북극은 극적이고 급격한 변화를 여러 차례 겪어왔다는 걸 알게 된다.

이 분야의 전문가는 베르겐Bergen 기후연구센터의 비에르크네스 센터Bjerknessenteret의 교수 에위스타인 얀센Eystein Jansen이다. 베르겐 국립대학교 부설 연구소이자, 세계 1차 대전 중에, 또 그 직후에 베르겐에서 현대적 기상학의 근간을 만든 노르웨이의 기상학자 빌헬름 비에르크네스Vilhelm Bjerknes의 이름을 딴 연구센터이다. 비에르크네스와 동료들은 오늘날 기상학자와 기후 연구자들이 사용하는 다수의 개념과 기구를 발전시켰다. 유명한 개념 중 하나는 전선front(온난전선, 한랭전선)인데 당시 진행되던 전쟁에서 영감을 받은 것이 분명한 개념이다. 한랭 기류와 온난 기류가 충돌할 때 전선은 단어 그대로 대기에 큰 타격을 끼칠 수 있다.

나는 몇 년 전 걸프 해류에 대한 TV 프로그램[58]을 만들 때 베르겐에서 얀센에게 많은 가르침을 사사받았다. 그는 나를 스페인에서 열린 기후 변화세미나에 데려갔다. 그 세미나에서 나는 기후 변화는 많고 다양한 학문이 통합되어야만 하는 정말 복잡한 주제라는 걸 깨닫게 되었다. 기후연구는 말하자면 지질학(옌센은 지질학자다.), 빙하학, 지구과학, 데이터모델링, 식물학(기후연구자들은 식물학적 흔적을 활용한다.) 등의 통합연구 영역이다.

옌센은 어떻게 연구자들이 퇴적층을 채굴해 분석하는지도 보여주었다. 노르웨이의 북쪽 보그쇠이Vågsøy에 위치한 크로케네스 호수Kråkenesvatnet에서 채굴한 지층에서는 1만 2800년 전의 영거 드라이아스 시기의 흔적을 볼 수 있었다. 옌센은 UN의 기후협의체인 기후 변화에 관한 정부 간 협의체IPCC에서 보고서의 주저자 중 하나로 활발하게 활동했다.

얀센은 10년 새에 10~15도까지 급격한 온도변화를 보였던 과거의 급격한 기후 변동 시기를 연구해왔다. 홀로세holocene라고 부르는 지난 1만 1600년간 지속되어 온 비정상적으로 안정적이었던 시기에는 굳이 몰라도 되었던 일이다. 그러니 우리는 지구가 늘 이렇게 안정적이었던 것에 익숙해져 있다. 기후가 점진적으로, 또 일직선의 그래프로 변화할 거라고 믿는 것이다. 다행히도 몇 도 정도 온도만 상승한, 우리가 지난 몇 세기 동안 마주해 온 기후 변화에서 볼 수 있듯이 말이다. 그 정도 변화는 끔찍한 일처럼 들리지 않는 일이다. 어쩌면 우리가 기후 변화에 크게 민감하지 않았던 이유도 여기에 기인할

지도 모른다.

얀센은 해저의 퇴적층을 분석하는 데 있어서 노르웨이에서 가장 독보적인 전문가이다. 퇴적층은 지구의 여러 시대에서 기후가 어땠는지를 보여주는 미생물을 포함하고 있다. 우리는 조그만 생명체가 어떤 특정 온도에서 형성되고 어떤 온도에서는 그렇지 못한지를 알고 있다. 심층 해저에 구멍을 뚫어 시험관을 꽂으면 과거 기후의 색인처럼 판독이 가능한 시추 코어를 끌어올릴 수 있다. 덴마크 연구자들은 비슷한 기술을 활용하여 지난 몇 십 년간 그린란드의 빙핵을 채굴해왔다. (바람이 어느 방향으로 불었는지를 보여주는)빙핵의 먼지와 (이산화탄소량과 온도를 추론할수 있는)얼음 내 기공분포를 분석하여 몇만 년 전의 기후 역사를 되짚어보고 있다.

빙핵연구 분야에서는 세계적으로 독보적인 닐스 보어 연구소Niels Bohr Institute의 연구자들은 비에르크네스 센터의 얀센 교수와 다른 연구자들과 협업을 하고 있다. 그들은 유럽의 명망 높은 연구프로그램인 유럽연구의원회 협력 지원ERC Synergy Grants에서 1200만 유로를 지원받아 큰 규모의 연구프로젝트인 아이스투아이스(Ice2Ice)를 시작했다. 프로젝트의 목표는 덴마크의 빙핵 연구자와 노르웨이의 고해양학자(고대의 기후 변화 연구자)가 주장한 빙하기에 수차례 발생한 급격하고 극적인 기후 변화의 원인을 밝히는 것이다. Ice2Ice라는 이름은 프로젝트의 연구가설을 드러낸다. 북극의 바다 얼음과 그린란드 내륙 얼음의 발전이 이 변화의 열쇠를 쥐고 있다는 것이다.

마지막 빙하기는 안정적인 한랭기가 아니었다. 오늘날에도 설명하기 어려운 일련의 극적인 변화를 겪었다. (사건을 발견한 연구자들의 이름을 붙인)단스고르-외슈거 사건Dansgaard-Oeschger event, D-O event이 일례인데 Ice2Ice프로젝트가 증명하고자 하는 사건이다. 이 사건은 약 1500년의 간격을 두고 더욱 빠른 속도로 발생한 한랭화 직후 재빠른 온난화가 발생한 일이다. 오늘날의 상황과 유사점이 있기에 이 사건에 대한 종합적인 지식은 미래의 기후 변화를 예측할 수 있는 발전된 모델과 연결될 수 있다.

열쇠 중 하나는 알베도 효과이다. 태양 에너지와 온기를 다량으로 흡수하는 열린 바다와 비교해 볼 때 눈이 덮인 바다 얼음은 태양 복사 에너지의 90퍼센트를 반사시킬 수 있다. 북반구의 바다 얼음이 남극대륙의 전체 크기만큼 큰 규모라면 알베도 효과가 온도에 미칠 영향이 얼마나 큰지 알 수 있다. 규모가 작아진 눈과 얼음은 스스로 강화하는 과정인 양의 피드백을 통해 온기를 더 발산한다.

바다 얼음이 기후에 영향을 미치는 다른 이유는 얼음이 바다 위에 '뚜껑'처럼 놓여있기에 바다와 대기 간의 온기 교환을 방해한다는 것이다. 얼음 밑에 있는 해수는 따뜻할 수 있지만 대기 온도에 영향을 줄 수는 없다. 그러나 보이는 것보다는 더 복잡한 과정이 숨겨져 있다. 해류의 순환을 유지시키고 노르웨이와 스발바르섬의 다른 지역보다 더 따뜻하게 만드는 건 열염순환이다. 해수의 지표수는 북쪽으로 이동하며 점차 염도가 높아지고 밀도가 커진다. 무거워진 물은 북쪽에서 깊은 곳으로 가라앉고 심층수는 다시 남쪽으로 흘러 내려 간다.

앞으로 이 과정이 교란될 수 있다. 8200년 전 사건 당시 걸프 해류는 완전히 중단되었던 적이 있다. 북아메리카에서 많은 양의 담수가 흘러나와 염분이 높은 물 위를 한 층으로 덮어 버렸기 때문이었다. 결과는 다시 찾아온 북구의 빙하기 온도였다. 하지만 왜 빙하기 때 이렇게나 급격한 변화가 발생했을까? 우리가 사는 현재에도 생길 수 있는 일일까?

가능하다. 여러 이유로 담수의 양이 많아져 해수 위를 덮어버리면 그린란드빙하와 다른 빙하, 북극의 강에서 방류된 물의 양이 커지고 온난화가 가속화된다. 해수의 온도가 상승하기 때문에 바다에 큰 영향을 끼치는 해양성층의 안정성을 깨버릴 수도 있다.

불안정성이 높은 다른 요인도 있다. 그중 하나는 대기가 어떤 영향을 끼칠 것인가이다. 최근에 봐왔듯이 대류권(대기권의 가장 말단 층)의 상부에서 부는 차가운 북극의 공기가 남쪽에서 불어오는 따뜻한 공기와 만나는 북극 제트기류가 방향을 크게 바꾸어 북쪽이나 더 남쪽으로 이동하기도 한다. 북극 제트기류의 이동은 스발바르섬에 이상 고온을 일으키기도 하고 다른 지역에는 이상 저온을 야기하기도 한다. 보통 '극한 날씨'가 찾아와 온도, 강수량, 풍랑에 걸쳐 여러 기상 기록을 갈아 치운다. 바닷물의 높은 온도는 현재 발생 중인 그린란드가 녹는 현상을 가속화시킬 위험도 있다. 따뜻한 바다는 얼음이 바다를 만나는 곳에서(빙하는 지속적으로 바다 방향으로 이동 중이다.) 얼음을 녹여버릴 것이고 녹은 물의 방류는 재빨라질 것이다. 이는 우리가 이미 관찰한 바이다.

북극의 기후는 복잡하여 순식간에 변화할 수 있다. 과거에 그래왔듯이 언제라도 갑자기 한랭기가 찾아올 수 있다. 얀센과 그의 동료들이 Ice2Ice프로젝트를 마친 후 유의미한 결과를 도출할 수 있기를 희망하는 부분이다. 그들이 언제 티핑포인트가 찾아올지 정확히 알아낼 수 있는지는 확실하지 않다. 그러나 연구는 우리가 더 이상 북극의 어떤 것도 당연하게 생각해서는 안 된다는 걸 증명하고 있다. 겨울의 왕국은 우리가 생각하는 것보다 더 빠르고 극단적으로 모습이 변할 수 있다.

적어도 북극에선 이런 가능성이 명백해 보인다. 남극은 어떨까? 겨울의 왕국의 남쪽인 남극대륙에 관해서는 얼음 상태가 상대적으로 안정적이라고 지금까지 말해왔다. 눈에 띌만한 변화가 나타나려면 족히 몇천 년은 더 걸릴 거라고 믿어왔던 것이다.

하지만 최근에는 남극 주변 지역에서 우리를 불안하게 하는 보고서들이 나오고 있다. 특히 남극의 서쪽 부분과 남극반도의 바다 쪽으로 튀어나온 '빙붕'이 약해지고 있다는 신호가 드러난다. 자주 등장하는 이 빙붕은 남극반도의 동쪽 해안가에 위치한 세 개의 라르센 빙붕Larsen Ice Shelf이다. 빙붕은 1893년 12월 포경선 야손호를 타고 남위 68도 10분까지 항해했던 노르웨이의 선장 칼 안톤 라르센Carl Anton Larsen의 이름을 따서 붙여졌다. 북쪽에서 남쪽 방향으로 세 개의 빙붕이 라르센 A(가장 작은 크기), 라르센 B, 라르센 C(가장 큰 크기)로 불린다. 또한 북쪽에서 남쪽 방향으로 빙붕들이 쪼개지기 시작하고 부분적으로 무너져 내렸다.

1995년 1월 라르센 A 빙붕에 균열이 생긴 것이 시작이었다. 다음으로 라르센 B 빙붕이 2002년 2월 무너져 내렸다. 그리고 이제는 가장 큰 크기의 라르센 C 빙붕에 균열이 생겼고 무너져 내리기 시작했다. 라르센 C 빙붕은 면적이 남한의 절반 크기인 5만km²에 달한다. 전에는 이 큰 크기의 빙붕이 안정되어 있다고 생각했지만 2016년 이후 균열의 길이가 110킬로미터까지 커졌음이 관측되었다. 지금은 서울의 10배에 해당하는 6000km² 크기의 부위가 쪼개져 나가 과거 관측되었던 그 어떤 빙산보다 더 큰 크기의 빙산이 생길 것으로 예상한다.[59] 2017년 7월 이미 균열이 시작되었다는 보고서도 있다.

빙붕이 쪼개져 내리는 것만으로는 큰 변화가 생기지 않을 것이다. 바다 위를 떠다니는 얼음이기에 해수면이 상승하지는 않을 것이기 때문이다. 하지만 부빙이 쪼개져 나가면 남아 있는 얼음은 약해져 쉽게 무너질 수 있다. 빙붕 전체가 사라진다면 빙붕이 자리 잡고 있던 육지의 얼음이 바다로 흘러늘어가 버릴 수도 있다. 남극대륙과 남극 서부 지역에서도 이런 불안정함의 신호들이 최근에 발견되고 있다. 2008년 남극반도의 서쪽 지역에 위치한 윌킨스 빙붕Whilkins Ice Shelf에서 붕괴하여 부빙이 떨어져 나왔다. 2016년 10월 나사의 측정에 따르면 남극 서부의 세 빙하인 스미스Smith, 포프Pope와 콜러Kohler도 녹아내리기 시작했다.

얼음의 대부분이(남극대륙에서뿐만 아니라 지구 전체에서도) 위치한 남극 동부는 꽤 안정적인 것으로 여겨져 왔다. 연구자들은 남극 동부에서 얼음이 녹는 신호를 서부보다는 적게 발견했다. 그러나 호주의 태즈메이니아대학과 미국의 텍사스대학이 공동으로 실시한 관측에서 남극 동부에서 가장 큰 빙하인 토텐빙하Totten Glacier의 빙붕 근처에서 예상치 못한 상황을 발견했다. 그건 빙붕이 얇아졌다는 것이다. 빙붕은 빙하의 대부분이 자리 잡은 위치여서 빙하가 바다로 흘러내려 가지 못하도록 붙들고 있다. 이 빙붕에서 매년 64억에서 80억 톤의 물이 녹아서 흘러내리고 있었는데, 이는 매년 10미터의 두께가 감소한다는 의미이기도 하다.

연구자들은 이 현상이 발생하는 이유를 알아냈다. 따뜻한 해수가 해저에서부터 빙붕 밑으로 흘러 들어와 안쪽에서부터 얼음을 녹이고 있다는 것이다. 남극은 지금까지 대륙을 감싸는 차가운 해류로 보호받고 있었는데 최근 이 해류가 변화한 것처럼 보인다. 바로 이 변화 때문에 토텐빙하에 가까이 다가가

서 측정을 할 수 있었던 것이기도 하다.[60]

빙붕이 사라지면 지구상 가장 큰 빙하가 바다로 미끄러져 나갈 것이고 이 빙하만으로도 해수면이 3.5미터 상승할 가능성이 있다. 얼마나 긴 시간이 걸릴지는 알 수 없지만, 300만 년 전에 발생한 일처럼 진행될 수도 있다. 지구의 평균온도가 지금보다 아주 살짝 높았지만 단기간 내에 해수면이 몇 미터가 상승했던 일처럼 말이다. 온난기였던 당시의 온도는 오늘날 보다 딱 2도 높았다. 하지만 해수면은 22미터나 높았었다.

북극과 남극에서 우리는 연구자들이 예상했던 것보다 훨씬 더 빠른 속도로 일어나고 있는 변화를 목도하고 있다. 인류는 자기 스스로 강화하고 가속화시킬 수 있는 지구과학 시스템인 피드백 작용이 존재함도 발견했다. 얼음이 녹으면 알베도, 해류, 기류에 영향을 끼친다. 그리고 과거의 기후를 연구해 온 학자들은 급격하고 극적인 기후 변화는 지구에서 여러 차례 발생해왔음을 알고 있다.

어쩌면 이런 기후 변화는 이미 시작되었을지도 모른다. 기후시스템은 아주 복잡해서 우리가 어떤 것도 확증적으로 말할 수는 없지만, 빙권은 계속해서 줄어들 것처럼 보이는 게 사실이다. 적어도 앞으로 당분간은 줄어들 것이다. 이게 지구의 환경과 인류에게 어떤 의미를 지닐까? 지금껏 우리가 본 것처럼 단지 북극권에 사는 사람들만 빙권에 의존하고 있는 게 아니다. 빙권의 '소도시' 격인 아시아와 아메리카의 산맥 지역에 위치한 빙권에서 사는 사람들도 얼음과 눈이 녹아내리면 변화를 온몸으로 체감하게 될 것이다.

# 지구의 지붕이 녹고 있다

새롭고도 흥미로운 발견은 더 높은 고도로 올라갈수록
더 큰 온난화 현상을 볼 수 있다는 것이다.
이건 티베트와 히말라야의 빙하 대부분이
감소하고 있다는 관측 결과와 일치한다.

론니 톰슨Lonnie Thompson

산악 빙하처럼 사람들 흥미를 끄는 자연현상은 별로 없다. 노르웨이에서 가장 중요한 관광지는 요스테달 빙하의 끝부분인 브릭스달빙하와 니가르빙하Nigardsbreen 이다. 저 먼 아시아에서만 몇천 명의 사람들이 빙하를 보기 위해 찾아오고 기상 환경이 허락한다면 빙하 위로 살짝 걸어가 보기도 한다. 5월 17일 노르웨이 제헌절 행사 때 깃발과 관악기와 함께 시작하는 하당에르 퍼레이드 행렬이 시작하는 곳도 이곳이다. 빙하는 아름다운 동시에 위험한 자연을 연상시키는데 칸트가 말한 '숭고미'가 바로 이것일 것이다. 빙하는 몇천 년

빙하의 반격

간 이곳에 있었고(그렇게 추정한다. 비록 일부 빙하는 좀 많이 어리긴 하지만) 2만 년 전 북유럽 전체를 몇천 미터의 두께로 뒤덮었던 거대한 빙모의 일부분이 여전히 있는 곳이다.

관광객들은 빙하를 최대한 가까이에 가보고 싶어 한다. 종종 너무 가까이 가는 것 같기도 하다. 거의 매년 뉴스에서는 얼음덩어리에 짓눌린 관광객들의 사고가 나온다. 그들이 원하던 셀카 사진을 찍을 수 있었을지 모르지만 마지막으로 찍은 사진이 되어버렸다. 빙하는 사실 살아 움직인다. 강과 같지만 단지 다른 시계 관념을 사용하여 한참 더 천천히 움직일 뿐이다.

산맥 지역의 빙하가 불안정하고 위험하다는 건 네팔에서 부유한 관광객들을 싣고(적어도 그들의 짐을 싣고 말이다. ) 정상까지 오르는 산악인인 셰르파Sherpa들이 아주 잘 알고 있다. 2014년 4월 에베레스트 베이스캠프Everest Base Camp에서 발생한 얼음 사태로 16명의 셰르파들이 목숨을 잃었는데 이런 사태는 자주 일어난다. 다만 티베트의 서부에서 서로 가까이 붙어있는 빙하 두 개가 2016년 7월과 9월 두 차례 얼음 사태로 무너져 내렸을 때는 특히 예측하지 못한 사건이었다. 티베트의 서부는 티베트의 다른 지역이나 히말라야 근처와 달리 빙하에 대해서라면 꽤 안정화된 지역으로 여겨졌다. 빙하가 녹고 있다는 관측이 일절 없었던 곳이었다. 오히려 반대로 위성사진을 판독한 결과로는 빙하가 커지고 있는 줄 알았다.

빙하에 일어나는 중요한 변화는 육안으로 볼 수 있는 겉면에서 확인하기 어렵다. 변화는 빙하의 내부와 하부에서 발생하기 때문이다. 이는 가장 경험이 많고 저명한 산악 빙하 연구자인 오하이오 주립대학교Ohio State University의 론니 톰슨Lonnie Thompson이 주장하는 바다. 앞서 언급한 빙하 추락사태 중

첫 번째 사건인 2016년 7월 16일에 발생한 아룬 빙하Arun glacier 사태로 야크를 목축하던 아홉 명이 사망한 사건 당시, 그는 중국인 동료와 함께 원인 규명을 위해 티베트로 초대받았다. 아룬 빙하는 몇십 년간 안정된 상태였다. 그해 겨울 《빙하학 저널Journal of Glaciology》에 발표된 연구자들의 결론에 따르면, 가장 유력한 사태의 원인은 지구 온난화였다.[61]

연구자들은 보통 구체적인 사건을 지구 온난화 현상과 연결 짓는 걸 아주 조심스러워 한다. 그럼 어떻게 톰슨과 동료는 이런 결론에 도달하게 되었을까? 다름 아닌 사태가 발생한 방식 때문이었다. 당시 7000만 톤의 엄청난 얼음이 4~5분 사이에 빠르게 무너져 내려 거대한 지역을 뒤덮어 버렸다. 만약 얼음이 녹은 물에 의해 내부에서부터 버터처럼 녹아 내렸다면 가능한 방식이다. 온도 측정은 이 지역의 온도가 지난 50년간 평균 1.5도 상승했음을 증명한다. 얼음 사태 사건이 우연이 아니라는 신호는 머지않아 나타났다. 아룬 빙하 바로 옆의 빙하가 같은 방식으로 몇 개월 뒤인 9월에 무너져 내렸다. 이 두 사건은 공통된 원인으로 발생했을 것이고 온난화가 가장 유력한 원인으로 추정되는 이유이다.

톰슨은 신뢰할 만한 구체적인 경험이 있었는데 전에 지구의 '제3의 극지대'로 불리는 히말라야, 티베트, 서쪽에 위치한 카라코람과 파미르Pamir 산맥 전역에서 광대한 범위로 비교 연구를 진행한 적이 있었기 때문이다. 당시에도 중국인 동료와 함께 했다. 연구는 베이징 중국과학원Chinese Academy of Sciences의 야오 탄둥Yan Tandong이 이끌었는데 지금껏 지구의 지붕이라고 불리는 지역의 빙하를 가장 광범위하게 연구한 프로젝트였다.[62]

지구의 지붕에 있는 빙하의 상태에 대해선 이견이 많다. 문제점은 신뢰할 만한 명확한 데이터 증거가 없다는 것이다. 서양의 빙하학자들은 최근까지도 접근 허가를 얻지 못했기에 매년 빙하 성장 과정에서 무엇이 '보통 상태'인지 알 수가 없다. 그간 빙하의 확산과 두께가 어떠했는지도 알지 못한다. 해당 지역의 연구자들은 비교 분석을 하기 위해 측정치를 기록할 만한 마땅한 기법이나 도구가 없었다. 그러다 보니 지구의 지붕에서 어떻게 얼음이 변하는지 예측하는 일은 불확정성이 높은 일이고, 부분적으로 상반되는 연구 내용이 이어지고 있다. 이로 인해 하얀 망토 밑에 감추어진 음울한 광경이 빗질하듯 쉽게 사라져 버린 것이다. 점차 논란을 야기하고 있는 예시 중 하나는 2007년 UN의 기후 변화에 관한 정부 간 협의체IPCC, Intergovernmental Panel on Climate Change가 발표한 보고서의 실수이다. 보고서는 빙하들이 2035년 안에 사라질 것으로 추정했다. 사실 2350년이라고 써야 했다! 이 엉성한 추측은 허술한 근거 아래 이뤄졌다. 그런데 이 실수는 그 수치가 가치를 지니는 모든 상황에 여기저기 쓰이고 있다. 관련 연구를 통해 꽤 다른 결론이 우후죽순 나온 것도 상황을 개선시키지 못해왔다.

예를 들어 인공위성연구(인공위성을 이용한 지구중력장 측정방법GRACE, the Gravity Recovery and Climate Experiment)는 빙하가 예상처럼 빠르게 감소하고 있는 건 아니라는 걸 밝혔다.[63] 그러나 톰슨에 따르면 이 연구는 여러 한계점을 안고 있었다. 우선 7년이라는 너무 짧은 시간 동안 측정했다는 것이다. 기후 연구자들은 최소 30년을 주기로 삼아야 (매해 크게 변화하는)날씨와 기후(장기간의 추세)를 구별할 수 있다고 말한다. 두 번째는 지상에서 위성의 신호를 잘못 해석했다는 것이다. 야오 탄둥이 이 사건에 대해 네이처에 말한 대로 그들이 현지 관찰을 한 바는 위성 자료와는 전혀 다른 양상을 보였다. 탄둥은 이렇게 말한다. "그레이스 위성은 중력만 측정할 수 있고 얼음과 액체상태의 물을 구별할 수 없었기 때문에, 빙하가 녹아서 형성한 호수를 얼음이라고 오해 했습니다."[64] 빙하가 녹을 때 생기는 변화가 바로 이러한 호수의 형성이다.

탄둥과 톰슨은 현지 연구를 통해 그레이스 연구와는 전혀 다른 결과를 발표 했다. 티베트, 히말라야, 카라코람, 파미르에 있는 7000개 이상의 빙하를 30 년 동안 면밀히 검토한 후, 70년대 이후 사라진 빙하가 전체의 약 9퍼센트라 는 내용이었다. 하지만 이 수치는 기후가 다른 방식으로 변화하는 지역의 차 이를 보여주지 못했다. 예를 들면 (대부분의 지역이 타지키스탄에 위치한)파 미르 산맥의 서쪽 지역은 서풍이 증가하여 강수량의 증가했다. 그래서 이 지 역의 빙하는 큰 규모로 감소하지는 않았다.

반면에 히말라야와 티베트의 남쪽과 동쪽 지역에서는 변화가 심각하다. 온 도가 상승하여 많은 빙하가 눈에 띄게 감소했다. 빙하의 겉면만 감소한 것이 아니라 톰슨과 그의 동료가 빙핵 채굴을 통해 측정한 빙하의 내부 감소도 발 생했다. 대표적인 사례는 파키스탄 생명의 대동맥인 인더스강에 물을 공급하 는 나이모나Naimona 빙하이다. 빙하는 지난 30년간 매년 5미터씩 감소해왔 다. 톰슨은 이 빙하의 빙핵을 채굴하였고 빙하 내부에 여러 군데 구멍이 생겼 음을 발견했다. 이 구멍에 녹은 물이 고여서 빙하 전체가 녹게 만드는 원인이 된다. "이는 빙하가 면적으로만 크게 감소하는 게 아니라, 위에서 아래 방향으 로도 감소하고 있다는 뜻입니다. 그러니 얼음의 부피가 급속히 감소되는 것 이지요." 톰슨은 덧붙인다. "인더스강의 물 공급소이기에 중요한 빙하입니다. 건기에는 인더스 수계의 40퍼센트 정도가 빙하에서 나오는 물이라고 추정하 기 때문입니다."[65]

톰슨과 탄둥의 연구는 소빙하기가 끝난 후 지난 150년 동안 가시적으로 드러난 경향이 계속 진행 중이고 앞으로 가속화할지도 모른다는 걸 보여준다. 국제통합산악개발센터ICIMOD, International Centre for Integrated Mountain Development와 UN 환경계획UNEP 의 공동 연구에서 밝혀진 대로 히말라야의 빙하는 소빙하기 이후 평균 약 1킬로미터씩 매년 크기가 줄어들고 있다.[66]

이 결론은 최근에 완료된 노르웨이-인도의 공동 연구인 글락인디아GlacIndia 란 이름의 연구 결과로도 지지받고 있다. 연구는 국립 베르겐대학교의 교수이자 산악 빙하에 대한 세계적 전문가인 아틀레 네셰 교수Atle Nesje가 이끌었다. 그는 올덴Olden 의 요스테달 빙하 근처에서 성장했고 전 생애를 바쳐 산악 빙하가 어떻게 성장하고 쇠퇴하는지 연구해왔다. 네셰 교수는 프로젝트에서 히말라야 북서부의 초타 싱리Chhota Singri 빙하를 연구했다. 연구팀은 몇 년에 걸쳐 물질 수지mass balance 를 추적했고 기상학적 데이터를 지난 1만 6000년간의 홀로세 시기에서 빙하의 발전을 재설계한 자료와 비교했다. 과거에는 이러한 정보가 부족했기에 훌륭한 예측을 하기가 어려웠던 것이다.

초타 싱리 빙하는 히말라야 산맥의 북쪽 경사면에 위치하고 일부만 몬순 구름 밑에 있다. 때문에 빙하는 몬순 시기에 큰 강우가 내리는 지역이 아니고 서쪽에서 불어오는 바람 영향도 적게 받는다. 이 빙하가 녹은 물은 인더스강으로 흘러가 파키스탄 사람들 생사를 결정한다. 연구자들은 1955년 이후 매년 물질 수지, 즉 물질의 유입과 유출량을 비교하여 내부에 남아 있는 물질의 양을 측정하며 어느 지역의 빙하가 증가하고 감소하는 지를 관찰해왔다. 21세기가 시작된 이후 감소 폭은 증가했고, 1955년부터 1999년까지의 시기보다 두 배나 증가한 수치인, 매년 물 당량이 0.6미터로 물질 수지가 음의 값을 보였다. 강수량이 적은 지역이다 보니 강수량의 차이는 적었기에 증가한 빙하의 감소는 고온 때문일 것이다. 지난 60년간 2도가 상승했으니 말이다. '제3의 극지'로 불리는 지역에서도 온도가 지구 전체의 기온 상승 폭보다 더 빨리 상승하고 있다.[67]

지구의 지붕도 녹기 시작한 것처럼 보인다. 몇천 년 동안 놓여 있었고 남아시아와 중국의 몇십억 명의 사람들에게 급수탑이 되어주었던 빙하는 급속히 감소하고 있다. 전부 다 사라지기까지 얼마의 시간이 남았는지 파악되지도 않는다. 현 상황이 지속되고 결국 가속화한다면 녹아내리는 빙하의 1차 피해는 물 부족이 아니라 정반대의 일이 될 것이다. 빙하에서 녹은 물 때문에 더욱 빈번하고 피해 규모가 큰 홍수가 올 것이다. 더 큰 문제는 물 자체가 아니라 물이 끌고 내려오는 얼음, 돌, 자갈, 흙이다. 에베레스트 베이스캠프에서 발생한 빙하 사태와 티베트의 빙하 붕괴에서 일어났던 일처럼 말이다. 돌과 자갈과 뒤섞여 무너져 내린 얼음은 물을 가두는 일시적인 댐을 만들기 때문에 위험한 상황을 초래할 수 있다. 시간이 지나 이 댐이 와르르 무너져 내리게 되면 하류 지역에 대재앙을 일으킬 것이기 때문이다. '빙하 호수의 붕괴로 인한 홍수GLOFs, glacial lake outburst floods'라고 불리는 이 현상은 네팔에서 흔한 일인데 최근 21건을 경험했다.[68] 히말라야 지역에는 200개의 이러한 빙하 호수가 있는 것으로 보이는데 빙하가 만든 이 댐이 뚫린다면 하류 지역에 사는 사람들에게는 엄청난 대재앙이 될 가능성이 있다.[69]

빙하가 녹게 되어 발생한 1차 피해가 끝나고 빙하가 '다 무너져 내리고' 난 후에 진짜 엄청난 문제가 발생한다. 14억 명은 족히 넘는 사람들이 맞이해야 할 건기의 물 부족이다. 마지막 빙하기가 끝난 이후 몇천 년 동안 지구의 지붕

빙하의 반격

에 놓인 빙하는 서쪽의 인더스 문명부터 동쪽의 황하 문명까지 고대의 위대한 문명을 가능케 한 급수탑으로 일해왔다. 여전히 최소 지구의 5분의 1에 해당하는 인구를 생존하게 하는 급수탑이다.

지구의 지붕에서만 빙하가 중요한 급수탑의 역할을 하는 게 아니다. 우리는 그 중요성에 대해 크게 주의를 기울이지 않아 왔다. 대다수의 사람들이 빙하를 보지 못한 채 살고 있고 빙하와 접촉할 일이 거의 없었기 때문이다. 빙하와 빙하 주변의 얼어붙은 땅인 주빙하 지역에서 얼마나 많은 물이 공급되는지 구체적으로 알지 못하기 때문이기도 하다. 주빙하 지역 안에 있는 물의 양만 따질 것이 아니다. 비가 적게 내리는 건기에 눈이 물로 녹아내린 후에 빙하환경이 물 공급에 기여하는 사실을 기억해야 한다.

빙하가 존재하는 지구 위 모든 지역에 해당하는 이야기다. 중앙아시아, 터키(역사상 가장 중요한 두 강인 유프라테스Euphrates와 티그리스Tigris강의 발원지가 있는 곳), 알프스 주변 국가, 일본, 뉴질랜드 등이 그렇다. 심지어는 나일Nile강의 발원지가 있는 우간다의 루웬조리Rwenzori 산악 빙하도 마찬가지이다. 인도네시아에도 빙하가 있고 사실상 호주에도 있다. (인도양의 몇 섬에 말이다.)

가장 관련이 큰 지역은 아메리카 대륙이다. 북아메리카도 남아메리카도 그렇다. 예를 들어 사막도시인 라스 베이거스의 이름은 녹은 물이 만드는 생태적 지형(베가스Vegas)에서 왔는데 안데스 산맥에서 발견할 수 있는 지형 유형이다. 페루 사람들이 사용하는 물의 90퍼센트는 빙하에서 기원하고, 볼리비아의 수도 라파스La Paz에선 3분의 1이 물이 빙하에서 발원한다. 심지어 멕시코 시티Mexico City의 거주민들은 빙하가 아주 멀리 있는 지역인데도 빙하 물을 마신다.

최근 들어서야 우리는 처음으로 산악 빙하의 중요성을 알고 이해하게 되었다. 캘리포니아와 안데스의 물 위기는 물론 아르헨티나와 칠레의 광물 이권과 빙하 보존 사이의 갈등을 야기한 것이 바로 아메리카의 산악 빙하 문제였다.

# 보이지 않는 빙하와 빙권 활동

> 환경의 지속가능성을 위한 핵심적인 역할을 함에도 불구하고,
> 빙하는 우리의 환경 의식 밖에 존재하고
> 대다수의 빙하는 보호를 받지 못한다.
>
> 호르헤 다니엘 타일란트 Jorge Daniel Taillant

"혀가 보입니까?" 코니가 묻는다. 나는 두 산 사이의 계곡을 올려다봤다. 정말 혀처럼 보이는 부어오른 부분을 살짝 본 것 같다. 우리처럼 평범한 사람에게는 산사태 이후 돌과 자갈이 모인 평범한 축적물처럼 보인다. 그러나 이 지역을 40년간 연구해 온 코니 밀러Connie Millar에 따르면 이 '혀'는 내가 전에는 전혀 알지 못했던 무언가의 여러 표시 중 하나였다. '보이지 않는' 빙하 혹은 암석빙하였다. "식생을 통해서도 암석빙하를 볼 수 있어요." 그녀가 이어서 말했다. "암석빙하 위에는 아무것도 자라지 않지만 빙하가 녹은 물은 하층부를 비옥하게 만듭니다. 저희가 저 위에 올라가서 측정을 해봤는데 저 밑에 빙하

가 있어요."

우리는 코니와 그녀의 동료가 손바닥 훤히 보듯이 꿰뚫고 있는 지역인 캘리포니아의 시에라 네바다의 해발 3000~4000미터에 올라왔다. 그들은 연방 삼림 보호국에 고용된 연구자들인데 계절마다 여러 산악 지대를 연구한다. 해수호인 모노 호수Mono Lake에도 기지가 하나 있고, 버클리Berkeley에서는 주로 겨울에 시간을 보낸다. 그들의 직업은 이곳의 빙하를 관찰하는 일이다.

캘리포니아에 빙하? 태양빛이 가득한 캘리포니아주에 어울리지 않는다. 캘리포니아에도 눈이 내린다고 치더라도 빙하는 추운 위도에서만 있는 게 아니던가? 리노Reno 지역이나 라스베이거스로 산맥을 가로질러 운전을 할때 빙하는 코빼기도 안 보이지 않던가?

그렇다. 눈으로 볼 수 있는 빙하는 많지 않다. 그나마 볼 수 있는 빙하는 리올Lyall 빙하인데 보통 사람이 운전하는 도로에서는 보이지 않는다. 그러나 지형을 제대로 분석해본다면 '보이지 않는' 빙하인 암석빙하를 찾을 수 있다. 암석빙하는 돌과 자갈로 쌓여 있거나 대부분이 돌과 자갈이더라도 돌 사이에 얼음이 있는 형태이다. 암석빙하도 다른 빙하와 마찬가지로 움직일 수도 있고 증가하거나 감소할 수도 있다. 캘리포니아의 물 공급에도 엄청나게 기여한다. 이런 사실을 코니와 그녀의 동료 밥Bob이 주 정부와 정부 기관에게 지금까지 여러 해 동안 전달하려고 노력했지만 헛수고였다.

암석빙하는 알프스, 스발바르섬, 그리고 캘리포니아 등 지구 곳곳에 위치한다. 심지어 화성에서도 암석빙하로 추정되는 것이 관측되기도 했다. 암석빙하는 생태적 수문학적인 관점에서 중요한 퍼즐 조각이다. 그 존재는 동식물의 삶에 직접 영향을 미치는데 어떤 생명체는 암석빙하가 녹을 때 멸종되기도 했다. 암석빙하는 건조한 계절에 사람들에게 물을 공급하는 작용을 하기도 한다. 칠레에서는 암석빙하가 수도인 산티아고에 물을 공급한다. 캘리포니아처럼 다른 지역에서도 암석빙하는 사람들이 생각하는 것보다 훨씬 중요하다고 코니는 말한다. 문제는 거의 모든 사람들이 암석빙하에 대해 들어본 적이 없다는 것이다. 코니와 밥이 지난 몇십 년간 사람들에게 알리려고 노력했지만 말이다.

빙하학자들에게도 암석빙하는 다소 '새로운' 개념이라서 암석빙하가 어떻게 형성되는지 정확히 밝혀진 바가 없다. 가장 평범한 추측은 기존의 빙하가 퇴각했을 때 잔존한 빙하 일종으로서 기본적으로 빙하 위에 돌더미가 덮혀 촘촘히 쌓인 채 유지되어 왔다는 것이다. 혹은 빙하사태의 퇴적물이 얼어붙었을 수도 있다는 설명이 가능하다.

핵심은 암석빙하는 보통의 사태 퇴적물과 혼동되어서는 안 될 독자적인 형성과정을 거쳤다는 것이다. 암석빙하는 계절마다 모양이 변하며 조금 녹았다가 다시 얼어붙기도 한다. 다른 빙하와 비슷하게 암석빙하는 물을 저장하는 역할을 하며 생태계, 농업, 인간사회의 생명을 유지시킨다.

나는 호르헤 다니엘 타일란트Jorge Daniel Taillant의 저서 《빙하-얼음의 정치학Glaciers – The Politics of Ice[70]》을 읽기 전에는 눈에 보이지 않는 빙하에 대해 들어본 적이 없었다. 타일란트는 사회과학자지만 빙하학도 공부하여 아르헨티나의 환경단체를 이끌었으며 안데스의 빙하에 생기는 변화와 '보이지 않는' 빙하에 대한 문제에 적극적으로 참여해왔다. 아르헨티나와 칠레의 국경 사이에 있는 많은 빙하는 두 국가의 비옥한 계곡들에 물을 방류하는 중요한 발원지이다. 타일란트는 이 작은 암석빙하 하나가 얼마나 많은 양의 물을 공급할 수 있는지 계산을 했다. 작은 도시를 유하기에 충분한 양이란 결론이 나왔다. 건조한 계절에 물을 필요로 하는 농부와 와인 포도 농장주를 만족시킬 정도라고 한다. 하지만 일반 사람들 눈에 암석빙하는 보이지 않기 때문에, 존재가 위험에 처해있다.

아무도 모르는 사이에 광물을 캐내려는 수요에 의해 많은 암석빙하가 파괴되고 있다. 안데스 중앙은 말 그대로 엘도라도El Dorado라고 불리는데 금과 기타 가치가 높은 광물이 많은 지역이다. 해발 4000~5000미터 위에서 외국 기업이 몇 년간 광산프로젝트를 해왔다. 건설을 하며 다이너마이트와 불도저로 암석빙하가 있는 지역도 부수고 있다.

1990년대 이후 지속된 상황인데 2006년 처음으로 아르헨티나의 신임 환경부 장관 로미나 피콜레티Romina Picoletti(노르웨이의 소피에상을 수상한 전 환경 운동가)는 그동안 그곳에서 무슨 일이 일어났는지 관심을 기울이기 시작했다. 지구상 가장 큰 금 광산회사인 캐나다의 배릭 골드사Barrick Gold가 기울인 활동이 그녀가 반응하도록 만들었다. 일부분이 아르헨티나에 위치한 파스쿠아 라마Pascua Lama 지역의 광산구역에서 골드사는 기존 빙하층에 커다란 충격을 입혔다. 빙하가 세 조각으로 쪼개지기까지 했다.

지역 주민과 환경 운동가들, 그리고 빙하학자인 후안 파블로 밀라나는 이 사건에 대해서 피콜레티와 만남을 가졌고 장관은 조치를 취하기 시작했다. 그녀는 지질학자와 환경 보호가들과 협업하여 전혀 새로운 법을 만들기 시작했다. 암석빙하를 포함하여 빙하를 보호하기 위한 법으로서 이후엔 범위를 넓혀 빙하 주변 지역인 주빙하 지역까지 포함하게 된다. 빙하가 환경과 특히 건조한 계절에 물 공급에 미치는 지대한 영향에도 불구하고 지구상의 어떤 국가도 빙하자원을 보존하기 위한 법을 제정하지 않았다.

파콜레티가 주도한 입법운동은 꽤 잘 진행되었으며 2008년 10월 22일엔 아르헨티나 국회에서 통과되었다. 많은 사람들이 광업이 이루어지는 지역에 빙하가 존재하는지도 전혀 몰랐던 사실이기에 가능했던 법안 통과였다. 사람들은 빙하가 파타고니아 아래에만 존재한다고 생각했고 안데스 중앙에는 없을 줄 알았다. 대다수의 빙하가 작고 게다가 암석빙하여서 부분적으로 돌과 자갈로 뒤덮여 있었으니 이해할 만한 일이다. 그리하여 이런 법이 경제적인 이익과 큰 충돌을 벌일 거라고는 미처 생각지 못했다.

권력층과 긴밀히 연결되어 있던 배릭 골드사는 법안 통과에 강력히 저항했다. 대통령 크리스티나 페르난데즈 데 키르치네르Christina Fernández de Kirchner가 입법 거부권을 행사하기에 이르렀다. 그 결과 피콜레티는 사임하게 되었고 정치적 야당은 이 사건을 대통령에 저항하기 위한 좋은 사건으로 활용했다. 오고 가는 공방전 이후 결국 개정된 법으로 거부권 발동 없이 통과되었다.

그러나 정부는 광산업자들이 전처럼 활개 치도록 내버려 두었다. 사건은 2016년~2017년 겨울 배릭 골드사가 중앙 안데스의 베라데로Veladero 지역에서 진행 중인 프로젝트에 관련된 환경 스캔들 때문에 심화되었다. 그들의 사업은 불안한 상황에 놓였고 중국 회사에 파스쿠아 라마Pascua Lama 의 프로젝트[71]를 팔기 위한 협상을 했다. 사건이 어떻게 종결되었는지는 여전히 잘 알려지지 않았다. 그러나 어쨌든 이 사건은 산악 빙하와 빙하의 의미에 대해서 큰 관심을 불러일으키는 결과를 낳았고 지구상 최초의 빙하 보존법이 만들어지게 했다. 아르헨티나처럼 입법을 하지는 않았지만 칠레에서도 큰 관심이 일었고 산악 빙하의 환경에 대해 더 인지하게 되었다.

이 운동은 '빙권 활동가glacier protectionist'라는 새로운 종류의 환경 운동
가들을 낳았다. 즉 전에도 빙하의 중요성을 간파하고 빙하를 지키려고 노력
했던 사람들이 있었다. 페루의 엔지니어 벤자민 모랄레스 아르나오Benjamin
Morales Arnao는 톱밥을 도구로 활용하여 빙하가 녹는 걸 방지하기 위한 실험
을 했다. 3개월 후 톱밥을 뿌린 빙하는 톱밥이 덮이지 않은 빙하보다 거의 5미
터가 더 높았다. 심지어 인도인 체왕 노르펠Chewang Norphel이 증명한 것처럼
빙하를 '키우는' 것도 가능하다. 1987년 그는 빙하가 녹는 것이 염려스러워 무
언가라도 해야겠다고 생각했다. 그는 강물의 물이 들로 흘러가도록 하기 위
해 작은 댐을 만들었는데 겨울에 물이 얼어서 얼음이 쌓였다. 이 방식으로 그
는 인공적인 빙하를 만들어 건조한 시기에 도시 사람들에게 물을 공급할 수
있도록 했다.[72]

이건 한 개인이 행한 단지 개별적인 노력이다. 하지만 빙하가 사람들의 노
력으로 보존될 수 있음을 보여준다. 아르헨티나와 칠레의 빙권 활동가들은
적어도 현재 발생하는 산악 빙하의 파괴 움직임에 맞서는 것이 가능하다는 걸
증명한 것이다.

빙하의 반격

## 6부

메탄의

습격

# 얼어붙은 땅

서리는 달콤한 한기를 머금지.

내가 이마를

땅에 댈 때

입술을 적시네.

롸우드나 카리나 아이라Rawdna Carina Eira,《달려라, 검은귀 달려라》

빙하는 '보이지 않는' 빙권의 전체 모습이 아니다. 겨울의 왕국은 비행기나 우주선이 촬영한 사진에서 보이는 것보다 훨씬 큰 영역이다. 북반구의 거대한 육지는 영구동토층으로 구성되어 있다.(남반구에는 더 적은 양만 있다.) 노르웨이에도 영구동토층이 있단 걸 아는 사람이 많지는 않지만 나는 바로 영구동토층 지역인 핀마르크 고원에서 자랐다. 노르웨이의 바랑에르Varanger 반도와 영구동토층이 지역을 안정화시킨 몇 산악지역에도 영구동토층이 있다.

우리처럼 북구에 사는 사람이면 땅이 겨울철에는 언다는 걸 안다. 예를 들어 우리는 매년 봄마다 서리가 녹기 시작하는 걸 본다. 노르웨이어에는 '서릿발 상주telehiv'라고 이를 표현하는 단어도 있다. 노르웨이 북구에서 자랄 땐 자갈길 밖에 없었기에 봄철에 운전하는 건 익스트림 스포츠와 같았고 지금도 여전히 어떤 지역에서는 그렇게 위험할 수도 있을 것이다.

북극과 산악 지형의 많은 곳에서는 여름철에도 땅이 완전히 녹지 않는다. 활성층active layer이라고 부르는 완전 윗부분에서만 살짝 녹을지 모른다. 하지만 활성층 밑에는 여전히 얼어있고 그 상태로 몇천 년이나 지속될 수도 있다. 이것이 우리가 영구동토층이라고 부르는 곳이다. (과학적 정의로는 최소 2년 이상 얼어있어야 한다.) 어떤 지역의 동토층은 아주 깊어서 지구 핵의 온기를 만나는 곳도 있다. 시베리아의 레나Lena강에서는 영구동토층의 깊이가 1493미터까지 측정된 적이 있다.

바로 이 시베리아에 가장 큰 영구동토층이 있다. 캐나다 북부, 알래스카, 그린란드의 일부분, 스발바르섬, 노바 세말야Nova Semalja와 얼음으로 덮이지 않은 기타 북극의 섬들도 영구동토층이다. 얼음은 기본적으로 보온 효과가 있다. 얼음의 큰 압력은 온기를 만들어서 얼지 않은 땅 위에 있는 빙하들은 녹아서 움직이기가 쉽기 때문에 떠다닌다. 영구동토층이 큰 규모로 있는 다른 지역은 티베트 고원의 산악지역과 북극 주변 대륙붕의 해저이다. 이 지역은 빙하기 때 수면 위에 있었는데 그때부터 영구동토층이 아직 남아 있다.

영구동토층은 북반구에서 얼음이 없는 내륙인 약 1900만km²의 24퍼센트를 차지한다. 남반구에는 바다가 더 많아서 남극의 얼음이 없는 몇 지역, 파타고니아, 안데스에만 영구동토층이 있다. 그러나 전체적으로 보면 남반구에도 꽤 많은 영구동토층이 있기에 기후에는 중요한 변수이기도 하다.

영구동토층의 정체는 무엇일까? 단순하게 표현하자면 얼어붙은 땅, 돌 혹은 퇴적층일 수 있다. 지구의 단 0.022 퍼센트의 물만이 영구동토층에 있다고 무시하면 안된다. 서릿발 상주가 보여주듯이 동토층은 토지가 얼마나 안정이 되어 있는지에 관하여 큰 의미를 갖는다. 이건 알래스카와 시베리아의 많은 거주민들이 알고 있는 사실이다. 그곳의 길, 건물, 기타 제반시설이 영구동토층이 녹으면서 연약해지고 있다.

녹아가는 영구동토층은 산의 경사면에 큰 규모의 산사태를 부르기도 한다. 링엔Lyngen 의 노르네스산Nordnesfjellet 에 산사태가 발생한다면 1100만km³의 돌무더기가 바다로 무너져 내려 45미터 높이의 쓰나미를 방불케 할 것이다. 이렇게 되면 피오르 주변에 사는 사람들은 큰 피해를 보게 된다. 지금까지는 영구동토층이 산의 단면이 제 자리에 있도록 붙들고 있다. 스발바르섬의 롱이어뷔엔Longyearbyen 에 발생하는 잦은 산사태도 영구동토층이 녹아내리고 있기 때문에 발생한 것이다.

영구동토층은 그곳에 살아가는 생명에게도 중요하다. 특히 토양에 살고 있는 미생물에게 미치는 영향이 크다. 미생물은 기후에 영향을 주는 탄소 농도를 조절한다. 영구동토층 지역에서도 생명이 살고 있다. 영하의 온도에서도 생존하는 미생물이 있지만 특히 매년 녹는 부분인 영구동토층의 최상단층에는 유달리 생명이 활동적이다. 백야현상으로 인해 광합성을 밤낮으로 할 수 있기 때문이다. 이는 미생물에게만 해당하는 일이 아니다. 툰드라와 영구동토층이 있는 다른 지역에도 자체적인 식물군이 있다. 지의류, 이끼류, 균류, 풀, 심지어는 꽃인 칼루나, 먹을 수 있는 베리가 자라는 관목도 있다. 우리가 핀마르크 고원에서 매년 여름마다 경험했던 것도 이러했다. 꽃, 칼루나, 베리류, 특히 호로딸기의 대폭발을 보며 자랐다.

영구동토층을 만끽할 줄 아는 동물들도 있다. 노르웨이 레밍, 뇌조, 산토끼, 몇 지역에서는 곰까지 다양하다. 순록은 순록이끼를 먹기 때문에 제외하더라도 말이다. 평원은 생명이 전무한 지역이 아니라 정반대로 순록이 방목을 할 수 있는 최적의 장소이고, 남쪽 노르웨이에서도 사냥을 하러 올라올 만큼 뇌조 사냥으로 인기가 많은 지역이다. 여름철에 이곳에 온 모든 사람들은 엄청난 양의 모기를 만나게 될 것이다. 단순히 물기만 하는 게 아니라 입과 코 등 가능한 모든 구멍 안으로 침범하는 모기떼를 말이다. 그렇기에 영구동토층은 생명력이 부족한 곳이 아니다.

영구동토층 대부분의 지역은 툰드라에 있다. 툰드라는 북극 지역에 나무가 자라지 않는 땅을 뜻한다. (알프스의 산악지역에도 툰드라가 있다.) 몇천 년 동안 툰드라의 풀, 칼루나, 관목은 대기 중의 탄소를 흡수했다. 지구의 생명 대부분은 태양 에너지와 물로 광합성을 하며 이산화탄소의 형태로 탄소를 흡수해왔다. 식물의 유기성 폐기물을 소화시키는 미생물이 자라는 토양에는 점차 탄소가 축적되었다. 이는 매년 여름마다 녹는 지역인 영구동토층의 활성층에서 활발하게 발생한다. 겨울이 되어 동토층이 다시 얼게 되면 그 후로도 계속 축적된 탄소가 언 상태로 유지된다. 땅이 계속 얼어있는 한 기후에 영향을 크게 끼치지 않는 이유이다.

하지만 영구동토층이 지금처럼 계속 유지될 것이라고 생각하기 힘들어졌다.

# 툰드라의 기후 변화 폭탄

발밑에서 지구가 움직이는 게 느껴져요.

캐롤 킹 Carole King

툰드라에 거품이 생긴다고? 러시아 과학아카데미 Russian Academy of Science 의 생태학자 알렉산더 소콜로프 Alexander Sokolov 는 야말 Yamal 반도와 외곽의 섬들을 12년간 연구해왔지만 이런 현상은 전혀 본 적이 없었다. 1미터 혹은 직경 1미터는 족히 될 크기의 거품들이 땅바닥에서 동글동글 솟아오르고 있었다. 거품을 발로 밟아보면 마치 젤리를 밟는 것 같다. 물론 많은 사람들이 거품을 밟아본 건 아니지만 그렇게 상상하면 될 것이다.

2016년 여름 소콜로프와 그의 동료 도로테 얼릭 Dorothee Ehrich 은 시베리아의 야말반도 북쪽에 있는 카라 Kara 해의 벨리 Bely 섬으로 현지 조사를 갔을 때 이러한 거품들을 발견했다. 벨리섬은 북극곰이 자주 방문하는 지역이어서 인기가 많은 연구장소이다. 그러나 연구자들이 더 많은 거품을 발견했을 때 그해 여름은 생각했던 것과는 다르게 흘러갔다. 그들은 거품이 어떤 물질을 포함하고 있는지 연구하기로 결심했다. 그들이 거품에 구멍을 뚫으니 별다른 냄새가 없이 어떤 '공기'가 빠져나왔다. 다음번에 그들은 방출된 공기를 분석할 수 있는 실험기구를 챙겨가서 분석하자 거품의 공기에는 일반 대기보다 200배나 많은 메탄이 검출되었고 20배나 많은 이산화탄소가 있었다. 만약 거품의 양이 많아진다면, 아니 거품이 점점 늘어나게 된다면[73] 거품들은 기후 폭탄 그 자체가 될지도 모른다. 거품의 증가는 사실인 듯하다. 2017년 봄 연구자들은 시베리아의 토양에서 7000개의 메탄 거품을 발견했고 거품들은 언제든 폭발할 수 있다.[74]

거품은 툰드라에서 발생하는 이상한 일의 유일한 조짐이 아니다. 2013년 타이미르Tajmyr 반도의 크고 신비로운 굉음에 대한 첫 번째 보고서가 발간되었다. 100킬로미터 밖에서도 들을 수 있는 굉음이었다. 이윽고 굉음이 발생한 지역에서는 순록치기들이 '오르르'거리는 소리가 나는 커다란 크레이터를 발견했고 그 크기는 점점 넓어지고 있다.

이후 비슷한 현상이 캐나다의 북서쪽에 있는 북극의 다른 지역에서도 관측되었다. 러시아에서 보고서가 발간된 이후 여러 미국의 국가 연구소들도 북아메리카의 툰드라지대의 메탄가스 방출을 감시하기 시작했다. 그들이 발견한 건 담수지에서도 거품이 생기기 시작했다는 뜻이다. 거품은 순수한 메탄이었다. "성냥개비 하나만 있어도 불이 활활 타올라요." 한 연구자가 AP통신과의 인터뷰에서 한 말이다. 메탄은 호수와 작은 웅덩이의 바닥에서 올라와 거품으로 뭉게뭉게 피어오른다.[75]

현재 비슷한 현상이 다발적으로 발생하고 있다. 툰드라에서 올라오는 젤리 같은 거품이 폭발하며 크레이터를 만들고, 담수에서 메탄 거품이 솟아오른다. 어떤 형태의 사고이든 원인은 동일하다. 영구동토층이 녹고 있기 때문이다. 몇천 년 동안 식물과 동물의 유기성 물질은 영구동토층에 얼어 붙어있었고 안정을 유지했다. 그러나 최근 북극의 기온이 1970년 이후 2.5도 이상 올랐다. 이는 지구 전체의 온도상승보다도 훨씬 빠른 수치이다. 온도상승에 따라 툰드라가 녹기 시작했고 그에 따라 발생하는 유기성 물질은 미생물의 좋은 먹이가 된다. 그로 인한 토양의 분해는 이산화탄소와 메탄(물이 있는 곳에서) 가스로 방출되는 결과를 낳는다. 정확히 이 분해과정이 어떤 모습으로 진행되는지는 주변 환경에 달려있다. 어느 지역에서는 지면 위로 방울방울 올라오고, 다른 지역에서는 얼음층을 뚫고 솟아오르며 폭발하기도 한다.

영구동토층에 저장되어 있는 탄소량은 기절할 정도이다. 영구동토층 상단의 3미터 정도밖에 안 되는 지역에(어떤 지역은 몇백 미터 밑까지도) 대기보다 훨씬 더 많은 탄소가 있다. 플로리다 주립대학교University of Florida의 테드 슈어Ted Schuur는 향후 100년 내에 영구동토층의 3미터 정도가 녹을 것이라고 추정한다.[76] 게다가 다량의 탄소가 저장되어 있는 해저 영구동토층도 탄소가 방출될 가능성이 있다.

그러나 바로 이게 기후위기의 해결책 중 하나가 될 수도 있다. 얼음이라는 작은 '우리' 안에 '갇혀 있는' 다량의 메탄은 가스 하이드레이트Gas Hydrate라고 부른다. 가스 하이드레이트는 원칙적으로 온실가스 배출량이 적은 친환경 연료로 활용될 수 있다. 인류가 가스 하이드레이트를 채굴해서 원료로 활용할 수 있는 방법을 찾아낼 수 있다면 말이다. 전 세계의 많은 연구자들과 기술자들이 이 방법을 연구하고 있다. 연구의 미래가 어떨지는 아직 알 수 없지

만, 의도치 않은 온실가스 방출을 막아야 하는 위기만 있는 건 아니다. 적어도 보통의 석유와 천연가스의 대체재가 될 수 있는 친환경적인 연료를 개발할 수 있는 가능성이 있기 때문이다.

영구동토층에는 이산화탄소와 메탄의 형태를 지닌 탄소 말고도 다른 것이 숨겨져 있다. 툰드라가 녹으면 별 신기한 것들이 다 세상 밖으로 나온다. 2016년 여름 시베리아의 순록 떼에게 생명에 치명적인 탄저균 역병이 창궐했다. 1500마리의 순록이 죽었고 사람에게도 전염되었다.[77] 가장 그럴싸한 원인은 툰드라에 얼어있던 전염성이 있는 순록의 사체가 녹았기 때문에 발생한 역병이라는 것이다. 1940년대 큰 규모로 역병이 돌았던 탄저균도 그간 영구동토층에 얼어있다가 다시 깨어나서 새로운 희생자를 찾게 된 것이다. 연구자들은 영구동토층이 녹기 시작하면 이와 같은 시나리오가 또 다시 벌어질 거라고 예상한다.

영구동토층이 녹기 때문에 발생하는 가장 큰 위험은 엄청난 양의 탄소가 대기 중으로 방출되어 불가역적인 온난화를 가속화시킬 거라는 점이다. 우리는 어마어마한 세기를 마주하고 있는 것이다. 과학 저널《기후 변화Nature Climate Change》에 출간된 사라 채드번Sarah Chadburn이 이끈 연구에서는 온도상승 제한선을 1.5도로 낮춘다면 이런 역병의 창궐을 예방할 수 있다고 주장한다. 하지만 반대로 산업혁명 이전 수치보다 2도 이상 온도가 상승하면 역병을 막을 수 없다는 이야기다. 2도 이상의 온난화가 발생하면 영구동토층 면적의 40퍼센트 이상인 600만km²가 녹게 될 것이다.[78]

이러한 영구동토층이 녹는 현상을 중단시킬 방법이 있지는 않을까?

# 동물생태계의 조력

저기 얼음과 눈이 있어,
축복이 내린 얼마나 멋진 곳인데! 순록이 말했다.
거기에선 햇살을 받아 반짝이는 넓은 골짜기에서 마음껏 뛰어다닐 수 있다고!

안데르센의 동화 《눈의 여왕》 중


좋은 뉴스는 사실상 우리가 할 수 있는 뭔가가 '있다'는 것이다. 지구 온난화
나 식생의 변화는 돌릴 수 없는 일이고, 어차피 일어나는 일이다. 이 변화를
멈추거나 되돌리는 일은 거의 불가능하다. 적어도 단기간에는 말이다. 그러나
변화 속도에 제동을 거는 수준은 가능하며, 나아가 일부 이전 상태로 되돌리
는 일이 가능하다. 간단한 일은 아니다. 특정 지역에서 효과가 어떻게 나타날
지 정확히 파악해야 하는 일도 선행되어야 한다. 그래도 시도할 가치는 있다.
이미 누군가는 시도해봤고 결과는 성공적이었다. 우리 스스로가 이 모든 걸
혼자 해낼 필요도 없다. 일정 부분은 동물에게 맡길 수도 있다. 초지에서 풀을

뜯는 동물들에게 말이다. 방목하는 소는 기후 대재앙을 피하기 위한 전쟁에서 우리의 가장 중요한 아군이 될 수 있다.

핀마르크 고원으로 올라가는 길에 위치한 트롬스Troms 의 라이사달렌Rei- sadalen은 몇 세기간 방목지대로 사용되었고 순록들의 이동하는 길이다. 50년 전 이곳엔 순록무리가 제 자리에 있을 수 있도록 몇 킬로미터 길이의 순록 울타리를 설치했다. 이를 통해 연구자들은 순록이 풀을 뜯는 행위가 식생에 어떤 영향을 미치는지 체계적인 연구를 할 수 있었다. 스웨덴 우메오Umeå대학교의 연구진들은 식생의 밀집도, 특징, 토양의 습도, 온도, 알베도 등 여러 환경요인을 전반적으로 계량화했다. 계측이 일 년의 절반인 여름에 이루어져 있기에 여기에서 말하는 알베도의 개념은 여름에 다양한 종류의 식생이 얼마나 많은 태양 복사 에너지를 반사하는지를 나타내는 것이다. 해발 500미터에서 700미터 사이의 고도에서 측정했는데 삼림한계선 위 약 100미터 정도이고 연중 평균온도는 영하 0.6도인 지역이다. 이곳의 식생은 관록, 칼루나, 지의류가 있기에 연구자들은 툰드라의 특성을 지닌다고 분류한다.

순록 울타리 너머는 그렇지 않지만 울타리 내의 지역은 사람이 길들인 순록떼가 풀을 뜯는 방목지역이었다. 연구자들은 몇 킬로미터 넘게 펼쳐지는 여러 종류의 툰드라 지형을 포함하는 지역에서 '실험'을 할 수 있는 준비를 마쳤다. 방법은 방목이 전혀 일어나지 않는 통제 지형과 비교하여 여러 종류의 식생 지대에서 순록의 방목이 미치는 영향을 측정하는 것이다. 연구 결과는 순록 방목이 다수가 예측했던 것과는 전혀 다른 방향의 결과를 낳는다는 것이었다. 연구자들이 집중하여 연구한 건 방목 활동이 끼치는 기후 영향이었다. 툰드라는 지구의 큰 면적을 지배하는 지형일 뿐 아니라, 엄청난 양의 탄소가 얼어붙은 땅 밑에 저장되어 있기 때문에 순록의 활동이 기후위기 대처방법에서 중요한 행운의 카드나 다름없기 때문이다.

면밀하게 연구를 하기 전에 연구자들은 동물의 방목이 환경에 해를 끼칠 것이라고 막연하게 추정했다. 결론은 전혀 달랐다. 기후의 측면에서 순록은 우리의 절친한 친구 중 하나였다. 순록은 툰드라의 온난화에 제동을 건다. 우메오대학의 연구자들의 연구 보고서는《환경연구편지Environmental Research Letters》에 실렸다. 연구팀의 리더인 네덜란드의 마리스카 테 비스트Mariska te Beest 씨는 이렇게 말한다. "저희의 연구 결과는 순록이 기후의 한랭 효과에 기여할 수 있는 가능성을 보여줍니다. 차이가 크지 않아 보일지라도 순록이 특정 지역의 에너지 균형에 미칠 영향은 꽤 큽니다."[79]

어떻게 순록이 기후에 영향을 미칠 수 있을까? 이유는 순록이 관목처럼 겨울철과 여름철에 모두 알베도 효과를 감소시키는 특정 식생을 먹이로 활용하기 때문이다. 또 순록이 관목을 먹으면 그들이 주된 먹이이자 기후 영향이 큰 순록이끼와 풀 종류의 식생이 자랄 수 있도록 열린 지형을 만든다. 연구팀의 측정 결과는 얼마나 많은 태양 에너지가 반사되는지를 결정하는 '반사되지 않는 에너지'의 차이가 방목이 활발한 지역과 그렇지 않은 지역에서 크게 났다. "면적당 측정된 차이는 지구의 대기 온난화의 복사강제력 수치로서 대기의 이산화탄소 농도가 두 배가 되어 생기는 수치와 같은 크기입니다"라고 비스트 씨는 말한다.

쉽게 풀어서 표현하자면, 방목하는 순록은 대기 중의 이산화탄소량이 두 배가 되어 생기는 현상과 균형을 맞춘다는 것이다! 면적당 수치에선 그렇지만 툰드라의 엄청난 규모와 그렇기에 가능한 방목지역의 큰 규모를 생각해볼 때 전체적인 효과는 엄청날 수 있다. 순록 방목이 너무 지나치지 않는 수준이라면 말이다. (이유는 과도하게 방목을 할 경우 순록들이 최고의 알베도 효과를 지닌 식생종인 순록이끼만 먹을 수 있기 때문이다.) 그러나 물론 순록 혼자서 모든 기후 운동을 해낼 수는 없다.

순록이 자신의 구역에서 하는 일 그대로를 다른 방목 동물들도 해낼 수 있기 때문이다. 이는 20년에 걸친 시베리아 북동부에서 혁신적인 프로젝트를 통해 실제로 증명되었다. 마치 디즈니영화에 나올 법한 순진한 소리로 들릴지도 모른다. 그러나 기후 대재앙으로부터 우리를 구할 수 있는 영웅은 어쩌면 동물일지도 모른다. 엄청 많은 동물들이 말이다.

# 빙하기 공원

영구동토층에는 전체 대기보다 두 배나 많은 양의 탄소와 온실가스가 있다. 온도가 높아지면 자연히 더 많은 양의 탄소가 대기 중으로 퍼져나갈 것이다. 이산화탄소로, 혹은 더 끔찍한 메탄가스로 그렇게 될 수 있다. 그러다 보니 우리가 할 수 있는 일은 극히 적을 것이라고 생각하기 쉽다.

하지만 메탄의 습격을 막기 위한 활동을 시도한 누군가가 이미 있다. 시베리아 북동부는 우리가 상상가능한 최악의 척박한 지역이자 주로 사막이 있는 곳이다. 이곳에서 의지가 강한 러시아인들은 20년이 넘게 공상처럼 보일 수 있지만 점차 진중한 과학적 자료로 각광을 받게 된 프로젝트를 해왔다. 세계에서 가장 중요한 과학 저널 두 개 중 하나인 《사이언스Science》지에 실릴 정도로 말이다.[80]

이 남자는 세르게이 지모프Sergej Zimov이다. 그는 툰드라가 녹는 걸 막고 싶었다. 그는 툰드라를 과거의 모습으로 복원하여 재앙적인 온실가스의 분출량을 줄이려고 했다. 대형 동물 떼가 돌아다니고 풀을 뜯어 먹는 초원 같았던 시절을 꿈꿨다. 그가 한 일은 엄청난 효과를 낳았다. 영구동토층이 녹아내리는 현상을 되돌릴 수 있었고 동시에 알베도 효과도 강화했다. 이러한 효과는 눈이 덮인 지역이 평평해졌기 때문만이 아니다. 눈이 덮이지 않아도 풀은 관목, 이끼, 숲보다 햇빛을 더 잘 반사하기 때문이다. 초식동물을 이주시키는 지모프의 프로젝트가 툰드라 전 지역에 적용된다면 지구적인 수준으로도 온난화를 막을 수 있을 것이다. 그리고 현재까지는 효과가 있는 것처럼 보이는 이 프로젝트가 실제로 효능이 있다면 우리 인류가 해낼 수 있는 기후 조치 중 가장 중요한 일이 될 것이다.

지모프의 프로젝트는 그가 시베리아에서 해낸 일 이상의 의미를 갖는다. 우리가 온실가스 배출만 집중하지 않고 생각의 지평을 넓힌다면, 기후위기가 오기 전에 막을 수 있음을 증명한다. 우리는 역사를 통해 거대한 기후 변화가 가속화되는 요인은 자연 스스로가 만드는 피드백 과정이라는 걸 배웠다. (어떤 경우에는 인간이 가속시키기도 한다.) 지면과 대기 사이의 계면 영역, 바다와 하늘 사이에 일어나는 일은 화학적, 생화학적, 물리적 과정이 복잡한 상호작용을 하며 발생하는 일이다. 그리고 이 상호작용은 탄소 유지량이 어느 방향으로 기울 것인지를 결정한다. 알베도 효과가 얼마나 큰지도 중요하다. 얼마나 많은 태양 복사 에너지가 반사되며 온난화에 저항하는지 이 두 가지 중대한 의문점에 지모프의 프로젝트는 연결점을 제시한다.

1988년 세르게이 지모프는 시베리아 북동쪽의 콜리마Kolyma강 옆에 있는 작은 도시인 체르스키Tsjerskij에 왔다. 체르스키는 근처 대도시인 야쿠츠크로 가려해도 비행기로 4~5시간이나 걸릴 정도로 외진 곳에 있다. 북반구에서 가장 추운 지역 중의 하나이고 겨울철엔 온도가 영하 50도 이상이다.

연구자로서 지모프는 역설을 발견했다. 현재 북쪽의 삶은 적은 동물과 빈약한 생물학적 다양성의 영향하에 있지만, 완전히 녹은 영구동토층은 과거에는 전혀 다른 지형이었음을 보여주는 것이다. 이곳에서는 다량의 동물 화석이 발굴되고 매머드처럼 거대한 멸종동물의 화석도 발견된다. 이 동물들에겐 대체 무슨 일이 있었던 걸까?

왜 매머드와 다른 거대 포유류들이 사라졌는가에 대한 가장 보편적인 설명은 마지막 빙하기 이후 들이닥친 기후 변화 때문이다. 온도가 이 동물들이 살기엔 너무 높았고 동물들이 먹는 식생들이 생존하기에도 고온이었다. 그러나 지모프는 이게 사실이 아닐 거라고 주장한다. 화석은 이 동물들이 과거의 극적인 기후 변화 시기에도 살아남았음을 증명한다. 그럼 왜 갑자기 그때였을까? 왜 거대 동물들은 약 1만 3000년 전에 사라졌을까?

답은 인류이다. 빙하기 동안 축적해 온 효과적인 사냥 기술과 사냥 방법으로 무장한 인류는 무적의 사냥꾼이 되었다. 인간은 (출현시기가 늦었다는 단점이 있던) 거대 동물의 모든 개체 수를 절멸시켰다. 지구 전체로 봐도 같은 이야기였다. 인류의 발길이 닿은 곳인 유럽, 아시아, 호주, 아메리카에서 거대 포유류는 빠른 속도로 멸종했다. 지역마다 굉장히 다른 종이 살았는데도 말이다. 거대 포유류가 살아남을 수 있던 유일한 장소는 아프리카이다. 거대 포유류가 아프리카에서 생존할 수 있었던 이유에 대한 가능한 설명은 몇백 년 동안 그들이 인간과 함께 사는 삶에 적응했다는 것이다. 거대 포유류는 포식자를 피하는 방법을 '알았던' 것이다. 그러나 특별한 지형과 종의 특성 등 다른 이유들도 있었다.

지모프의 프로젝트는 거대 포유류를 멸종시킨 게 기후가 아니라 인류의 사냥 때문이었다는 걸 증명하기 위한 테스트였다. 그가 시베리아의 현 온도의 툰드라에서 동물을 살게 할 수 있다면 과거 1만 3000년 전에도 생존할 수 있었을 것이기 때문이다. 그러나 점차 프로젝트는 그 이상의 목적을 띠게 되었고 기후 변화 프로젝트가 되었다. 지모프는 동물 떼를 툰드라에 방생하는 일이 기후에도 영향을 미치는 걸 보았기 때문이다.

양을 키우는 지역에 사는 사람들은 초식동물이 지형을 형성하고 관리한다는 걸 알 것이다. 풀이 뜯긴 자리에 풀이 자라나고 초지가 풀을 먹는 동물과 함께 성장한다는 사실이 그것이다. 바로 이 이유로 노르웨이에서 가장 중요한 양 서식지인 로갈란드의 달라네Dalane와 같은 노르웨이의 지형 대부분이 형성되었다. 이 넓은 지역에는 엄청난 양의 풀이 있고 연중 대부분의 시간에 양들이 그 풀을 뜯어 먹는다. (어떤 양은 1년 내내 풀을 뜯어 먹기도 한다.) 오늘날 지형은 양들이 이동하며 풀을 뜯어 먹어서 덤불과 관목이 자라는 걸 먹고, 양의 배설물이 풀들이 자랄 수 있는 비료가 되기 때문에 만들어졌다.

시베리아에서도 이랬다. 사람이 나타나기 전까지는 말이다. 매머드, 북극영양(사이가산양), 순록, 야생말, 사향소, 말코손바닥사슴과 다른 초식동물은 그곳에서 풀을 뜯어 먹었다. 늑대, 곰, 시베리아 호랑이 등의 포식자는 초식동물의 개체 수를 '조절'하면서 초식동물들이 한 장소에 오랫동안 평화를 누릴 수 없도록 일정한 균형을 유지했다. (이 방법으로 어떤 지역의 풀이 완전히 사라지는 일은 거의 생기지 않는다.)

인류가 등장하여 초식동물의 개체 수를 전멸시켰을 때 지형은 변화하기 시작했다. 전에는 풀이 있던 곳은 오늘날엔 모기, 관목, 이끼가 자라는 숲이 되었다. 그리고 이는 유일한 변화가 아니었다.

눈이 덮인 지역도 변화했다. 과거에 살았던 거대한 동물 떼는 사미족의 순록 떼가 겨울에 하는 행동을 모두 했었다. 이동할 때마다 눈을 밟고 먹이(순록의 경우엔 순록이끼)를 찾기 위해 눈을 파헤쳤다. 동물의 이런 행동으로 눈의 보온 효과가 감소했지만 그렇기에 한기가 땅에 스며들어 여름에는 녹았던 영구동토층이 다시 얼어붙을 수 있었다. 이 방식으로 동물들은 영구동토층의 내부가 유지되도록 도왔다. 여름철에 가장 상단만 녹아내려서 백야 시기에 식생이 성장할 수 있는 가능성을 주면서 말이다.

동물들이 사라지면 (몇 순록 떼를 제외하고는) 눈은 평화를 누리지만 땅은 전처럼 깊은 곳까지 얼 수 없다. 그렇기에 녹아내리는 속도가 빨라져서 오늘날 우리는 과거에 꽁꽁 얼어버린 매머드와 박테리아가 다시 등장하는 걸 보게 되는 것이다. 매머드는 굉장히 잘 보존되어 있더라도 다시 살아나지 않지만, 박테리아는 몇천 년간의 동면 이후에 부활할 수 있다. 이 자체로도 충분히 염려스러운 시나리오다. 게다가 영구동토층이 해동되면 엄청난 양의 온실가스가 방출된다.

그래서 지모프는 아들 니키타Niktia의 도움과 이 주제에 관심 있는 연구자들의 도움을 받아 초식동물의 동물군을 재생하기 시작했다. 동물들을 이주시켜 방생했다. 처음에는 추위를 잘 견딜 수 있는 특별한 종의 말부터 시작했다. 이후에 사향소, 말코손바닥사슴 여타 동물들도 방생했지만 이 모든 건 한 단계 한 단계씩 제한된 조건하에서만 진행했다. 그는 밀렵꾼에게서 동물을 지키기 위한 울타리도 세웠다.

무엇보다 지모브는 자신의 '빙하기 공원'인 플라이스토세 공원Pleistocene

Park에 매머드도 들여오고 싶었다. 그래서 매머드를 복원하려는 노력도 했다. 툰드라에 얼어 있어서 잘 보존된 매머드의 DNA가 발굴되었기에 연구자들은 이 DNA와 매머드의 친척인 코끼리를 활용하여 새로운 종을 만들 수 있을 것이라 기대한다. 그는 늑대와 시베리아 호랑이 등의 포식동물도 이주시켰다. 초식동물들이 적정한 숫자를 유지하려면 사냥당할 필요가 있기 때문이다. 포식자의 존재는 개체 수를 조절하는 데도 좋지만 식생에도 좋다. 초식동물은 포식자를 피해 이동해야만 하기에 동물들이 한 장소에 오랫동안 있으면 발생할 동토층의 해동을 피할 수 있기 때문이다.

시작점인 1988년부터 지모프는 정부의 지원을 받아 프로젝트를 진행하는 게 가능했다. 하지만 소련이 붕괴된 이후 지원받을 돈은 더이상 없었다. 지모프는 외국에서 도움을 구해야만 했다. 점차 프로젝트는 국제적으로 큰 관심을 받게 되었지만 자신의 모든 계획을 구체화시킬 만큼의 자원은 아니었다.

그래도 지금까지의 결과는 충분히 인상적이다. 지모프와 그의 조력자들은 초식동물을 이주시키는 데 성공했다. 초기에는 문제점이 있었지만 그들은 이 동물들이 이주 지역에서 살게 하는 데 성공했다. 그리하여 지모프는 현재의 기후와 꽤 유사했던 1만 3000년 전에 대형 포유류를 절멸시킨게 기후가 아니라는 걸 증명했다. 그리고 이 시도가 보여주는 기후 영향도 지모프의 추론과 같았다. 관측된 수치는 그의 프로젝트가 지구에 한랭 효과를 주고, 영구동토층의 해동을 막는 일에 기여한다는 걸 보여준다. 이제는 지모프의 아들 니키타가 프로젝트를 이어가고 있고 동물들이 눈의 한기 보존에 극적인 차이를 만든다고 말한다.

"우리는 동물들이 눈을 밟는 지역과 동물의 발길이 거의 닿지 않는 지역의 지면에 온도계를 설치했습니다. 공원에서 축적된 관찰과 데이터는 공기 온도가 영하 40도일 때 동물이 다니지 않는 눈 밑의 온도는 고작 영하 5도에 불과하다는 걸 증명합니다. 그러나 동물이 눈을 밟고 다니는 지역에서는 온도가 영하 30도로 떨어집니다."[81]

핵심은 동물의 발길이 닿지 않는 눈은 땅을 너무나 잘 보온시켜서 겨울의 한기가 내부까지 스며들지 못한다는 것이다. 그리하여 여름마다 녹는 상부층인 영구동토층의 '활성층'은 겨울에 전처럼 강력하게 얼어붙지 못한다. 동물의 존재, 그들이 눈을 밟고 파내는 행위는 보온 효과를 감소시키고, 툰드라가 겨울에도 다시 얼 수 있게 해서 영구동토층이 유지되도록 만든다. 그리고 영구동토층이 감추고 있는 엄청난 양의 탄소, 툰드라의 기후 폭탄은 빠져나오지 못한다.

# 에필로그 : 빙권에게 미래가 있을까?

감소하는 불안정한 해빙으로 넘어진 이누이트 사냥꾼은 우리가 운전하는 차,
우리가 기초하고 있는 산업, 우리가 만든 파괴된 세상과 연결되어 있다.

(셰일라 와트 - 클루티에Sheila Watt-Coultier, 전 이누이트 회동위원회의 국제 의장,
2005년 미국 상원 의회의 연설 중)

외계에서 충분한 시간 동안 관측한다면, 지구는 몇백 년 동안 규칙적인 춤을 춰왔다. 북극과 남극에서 하얀 망토들이 퇴각했다가, 우리 지구인이 빙하기라고 부르는 일정한 패턴을 가지고 다시 성장해왔다. 이러한 모습의 패턴은 우리 인류가 지구에서 살아온 시간 동안에도, 우리 선조들이 살던 시기에도 이어져 왔다. 그래서 하얀 반점을 가진 건 극지방만이 아니다. 고산이 있던 지구 곳곳에 하얀 겨울의 왕국이 자신의 소도시를 품고 있다.

이제 사실이라고 믿었던 상식이 바뀌고 있다. 사실 지금까지 패턴에 따르면 지구는 하얀 세상, 새로운 빙하기로 접어들었어야 했다. 이전과의 패턴과

빙하의 반격

는 달리 하얀 망토들이 훨씬 빠른 속도로 사라지고 있다. 지구 안에서 바라보면 그 망토들이 녹고 있는 것처럼 보인다. 바다 얼음은 줄어들고, 산악 빙하와 겨울마다 육지의 땅 대부분을 덮던 눈 덮인 지역도 감소하고 있다. 심지어 그린란드와 북극의 내륙 빙상도 갈라지기 시작했다.

이 현상이 지속될지 아닐지 확신할 수는 없다. 현상을 이끄는 지구과학적 기제는 부분적으로만 기술되었다. 우리는 지구환경이 우리를 멈출 수 없는 온난화로 보내버릴 티핑포인트를 지나가는 시기가 언제일지, 또 지나가긴 할 건지도 알지 못한다. 적어도 우리가 아는 건 빙권이 없다면, 겨울의 왕국이 없다면 지구에서 사는 일은 인류에게 어려워질 거라는 것이다. 몇십억 명의 인구가 물 부족을 맞이할 것이고 폭염과 산불은 많은 지역을 인간이 살 수 없는 곳으로 만들 것이다. 날씨는 점점 극단적으로 변할 것이다. 해수면은 상승하여 오늘날 대다수의 도시와 인구가 밀집해 있는 지역의 수면보다 높아질 것이다.

그러나 여전히 이런 일이 발생할 건지는 확실치 않다. 그러니 지모프와 같은 사람이 '빙하기 공원'에서 했던 작은 조치들과 빙하를 위해 싸우는 빙권 활동가들이 바로 이 재앙을 막을 수 있는 사람들일 수 있다. 겨울의 왕국은 다시 돌아올 수 있다. 역사에서 수차례 그래 왔던 것처럼.

# 연표 : **지구의 역사**

| 45억 년 전 | 42.8억 년 전 | 36 억 년 전 | 29억 년 전 |
|---|---|---|---|
| 지구의 탄생 | 물이 대기에서 수증기로 액상화 | 최초의 단세포생물, 원핵생물, 최초의 산소를 생성하는 박테리아 등장 | 최초의 얼음생성 (퐁골라 빙하기), 추측건대 최초의 눈덩이지구 |

| 9.5억~5.7억 년 전 | 5.42억 년 전 | 4.43억 년 전 | 4.2억 년 전 |
|---|---|---|---|
| 빙하기 (스타티안-바랑 빙하기) | '캄브리아기 대폭발', 새로운 종이 다량으로 등장 | 곤드와나 초대륙의 결빙, 해양생물의 대량멸종 | 최초의 내륙식물, 턱을 지닌 최초의 물고기(상어), 내륙의 곤충 출현 |

| 5000만 년 전 | 3560만 년 전 | 3400만 년 전 | 3000만 년 전 |
|---|---|---|---|
| 인도판과 아시아판 충돌, 히말라야 형성 | 에오세, 온도 10도 하강 | 북극에 얼음 형성 | 호주와 남아메리카가 남극에서 분리 |

| 20만 년 전 | 12만 5000년 전 | 2만 2000년 전 | 1만 1600년 전 |
|---|---|---|---|
| 호모 사피엔스 출현 | 간빙기 | 마지막 빙하의 최고확장기 | 빙하기 끝 (영거 드라이아스기), 홀로세 시대의 시작 |

**24억 년 전**

'산소 대재앙':
산소량의 급격한 증가

**24억 년~21억 년 전**

휴로니안 빙하기
(적어도 두 차례의
눈덩이지구)

**16억 년 전**

최초의 진핵생물:
세포핵을 가진 첫 번째
복합유기체 출현

**10억 년 전**

최초의
다세포 생물 등장

**2.52억 년 전**

화산 활동, 대기 중
이산화탄소 농도가
2000ppm까지 증가,
산소량은 30퍼센트에서
12퍼센트로 감소

**2.51억 년 전**

대량멸종,
90퍼센트의
해양생물과
70퍼센트의
내륙생물의 멸종

**1억 9960만 년 전**

쥐라기(공룡의 세기)의
시작

**6550만 년 전**

온난기
(팔레오세-에오세
최고온기, PETM),
북극점의 온도
23도로 상승

**390만 년 전**

최초의
오스트랄로피테쿠스
등장

**300만 년 전**

북극의 빙상

**258만 년 전**

플라이스토세,
새로운 빙하기 시작

**240만 년 전**

호모 하빌리스 등장

**현재**

홀로세 끝,
인류세 시작

# 주석 Endnotes

1 빙권(Cryosphere): 그리스어로 춥다는 뜻인 Cryo가 어원. 물이 얼음, 눈 혹은 영구동토층으로 얼어있는 지구의 지역

2 토마스 알스가르드가 VG 와 2017년 7월 11일 한 인터뷰 중

3 John Maynard Smith & Eörs Szathmáry, The Origins of Life (Oxford University Press, 1999)

4 Nick Lane, The Vital Question (Profile Books, 2015)

5 대중문화에서의 배종발달설에 대해서는 Jack Finney, The Body Snatchers (1955), Fred Hoyle, The Black Cloud (1957), Michael Crichton, The Andromeda Strain (1969)를, 과학 논문에서는 Francis Crick & Leslie Orgel,《Directed Panspermia》, Icarus,19 (3), p. 341-348 (1973)을 참조

6 우주의 물범에 대해서는《Water bears are first animals to survive space vacuum》, New Scientist, 8.9.2008 참조

7 로제타와 혜성, Science Advances, 27.5.2016

8 알베도에 관한 내용은 주로 Shawn J. Marshall, The Cryosphere (Princeton University Press, 2012)에서 인용

9 시 Morgen over Finnmarksvidden는 Norge i våre hjerter (1929) 시선에서 인용

10 Sophus Tromholt, Under Nordlysets Straaler (코펜하겐, 1885). Stein P. Aasheim의 Finnmarksvidda (Cappelen Damm, 2013, p. 68)에서 재인용.

11 Tor Åge Bringsværd, Vår Gamle Gudelære (1): En kjempe så stor som hele verden (Gyldendal Norsk Forlag, 1985)

12 Fridtjof Nansen, Fram over Polhavet (1) (H. Aschehoug, 1897, p. 115)

13 Nordahl Grieg,《Morgen over Finnmarksvidden》

14 Nils Jernsletten,《Sami traditional terminology》, Harald Gaski 편저, Sami Culture in a

New Era (Davi Girjas, 1997)

**15**   Ole Henrik Magga, 《Diversity in Saami terminology for reindeer and snow》, International Social Science Journal, vol. 58, issue 187, p. 25-34 (2006)

**16**   Inger Marie Gaup Eira, 《Traditional Sámi snow terminology and physical snow classification – Two ways of knowing》, Cold Regions Science and Technology, 85 (2013), p. 117-130

**17**   Yngve Ryd, Snø (Natur och Kultur, 2007, p. 7)

**18**   Ryd, 위의 책, p. 31

**19**   Ryd, p. 36

**20**   Ryd, p. 42

**21**   Ryd, p. 63

**22**   Ryd, p. 275

**23**   Fridtjof Nansen, Fram over Polhavet (1), p. 89

**24**   에스마르크에 대해서는 Jamie Woodward, The Ice Age (Oxford University Press, 2014, p. 47-49) 참고

**25**   아가시에 대해서는 Woodward의 위의 책, p. 50부터 참고.

**26**   Agassiz, Doug MacDougall, Frozen Earth (University of California Press, 2013, p. 36)에서 인용

**27**   Joe Kirschank 과 눈덩이지구: 스코틀랜드의 J. Thomson 이 1871년에, 북부 노르웨이에서 Hans Reusch 가 1891년에. 개념을 처음으로 도입한 Kirschank의 논문은: J. Kirschank, 《Late Proterozoic low-latitude global glaciation: The Snowball Earth》, J.W. Schopf, C. Klein, 편저, The Proterozoic Biosphere (Cambridge University Press, 1992)

**28**   Tim Lenton & Andrew Watson, Revolutions that made the Earth (Oxford University Press, 2013, p. 111)

**29**   Greg Stock & Robert Anderson, 《Yosemite's melting glaciers》 (NPS Reports, 2015)

**30**   Greg Stock, Yosemite National Park: A Natural History Guide (Wilderness Press, 1999)

**31**   갠지스강의 수계에 대한 TV시리즈:I Elvegudinnens Rike,NRK/Univisjon,1994

**32**   Nansen, Fram over Polhavet (1)

**33**   Fridtjof Nansen, Paa Ski over Grønland (Aschehoug, 1890, p. 7)

**34**   Fram over Polhavet, p. 115-116

**35**   Hjalmar Johansen, Med Nansen mot Nordpolen (Kagge, 2007, 초판본은 1898, p. 184)

36  Monica Kristensen, Mot 90 grader syd (Grøndahl, 1987)

37  Richard Boyle: Lenton & Watson의 책에서 인용, p. 281

38  Lenton & Watson의 책에서 인용, p. 282

39  Kjetil Lysne Voje, 《Tempodoes notcorrelatewithmode in thefossil record》 (Evolution, vol. 70, issue 12) (2016)

40  주석 6 참조

41  캄브리아기 대폭발에 대한 잘 알려진 기술은 S. J. Gould, Wonderful Life (W. W. Norton 1989), Beautiful Life 참고

42  E. Vrba, 《The Pulse that Produced us》, Natural History, 5/93, p. 47-51

43  Mark Maslin, 《East African climate pulses and early human evolution》, Quaternary Science Reviews, 101 (2014), p. 1-17

44  Rick Potts, 《Evolution and Climate Variability》, Science, vol. 273, 16.8.1996 p. 922-923

45  Steve Mithen, After the Ice Age (Phoenix, 2003), p. 148-149

46  아부 후레이아에 대해서는 Brian Fagan, The Long Summer (Granta, 2004)과 Andrew M. T. Moore, Village on the Euphrates (Oxford University Press, 2000) 참고

47  Manfred Heun, forskning. no과의 인터뷰 (18.1.2012). 그의 논문은: Manfred Heun, 《Site of Einkorn Wheat Domestication identified by DNA fingerprinting》 (Science, 14.11.2017). 맥주와 종교적문화에 대해서는: Oliver Dietrichet, 《The role of cult and feasting in the emergence of Neolithic communities. New evidence from Göbleki Tepe, south-eastern Turkey (Antiquity, vol. 86, issue 333, September 2012, p. 674-695) 참조

48  무속 신앙에서 체계를 갖춘 종교로의 변환은 Bjørn Vassnes, Sjelens sult (Margbok, 2009), Ara Norenzayan, Big Gods: How Religion Transformed Cooperation and Conflict (Princeton University Press, 2013) 참조

49  Marshall Shalins, 《Notes on the Original Affluent Society》,i R. B. Lee and I. De-Vore,red.,Manthe Hunter. (Aldine Publishing Company,1968), p. 85-89

50  Gregory Clark, A farewell to Alms-A Brief Economic History of theWorld (Princeton University Press, 2009), Ian Morris, The Measure of Civilization (Profile, 2013)

51  G. Clark, A Farewell to Alms, p. 1. 에서 인용

52  Matthias Foss, Justedalens kortelige Beskrivelse (Jostedal historielag, 2009, 초판본은 1750, p. 10)

53  1657-1658년 덴마크 전쟁: Thomas Roth, 《Den snöige nord…》, appendix til Erik Durscmied, Vädrets makt (Pan, 2000)

**54** 그린란드의 노르드인 정착지에 대해서는 Jared Diamond, Collapse (Penguin, 2005) 에 기술됨

**55** 북극이사회의 보고서: SWIPA 2017

**56** Harald Steen, Nrk.no와 인터뷰, 15.10.2016

**57** 야콥스하븐 빙하에 대해서는 National Geographic (4.2.2014): 《Greenland glacier races to ocean at record speed》, Washington Post (11.4. 2017): 《Scientists just uncovered some troubling news about Greenland's most enormous glacier》 참고

**58** Om Golfstrømmen skulle stanse, NRK/Univisjon, 2001

**59** 라르센 빙붕에 대해서는 National Geographic, 14.6.2017, 《The Larsen C Ice Shelf Collapse Is Just the Beginning—Antarctica Is Melting》 참고

**60** 토텐빙하에 대해서는 S.R. Rintoul, et.al., 《Ocean heat drives rapid basal melt of the Totten Ice Shelf》, Scence Advances, vol. 2, no 12 (16.12.2016) 참고

**61** Lonnie Thompson, Journal of Glaciology, desember 2016

**62** Tandong, 《Different glacier status with atmospheric circulations in Tibetan Plateau and surroundings》, Nature Climate Change 2, p. 663-667 (2012)

**63** GRACE 연구: 《Gravity Recovery and Climate Experiment》:Jacob, 《Recent contributionsof glaciers and ice caps to sea level rise》, Nature 482, p. 514-518 (23.2.2012)

**64** GRACE연구에 대한 탄동의 언급:《Tibetan glaciers shrinking rapidly》, Nature, 15.7.2012

**65** 인더스강 수계에 대한 톰슨의 언급: http://www.irinnews.org/report/95917/climatechange-himalayan-glaciers-melting-more-rapidly

**66** ICIMOD/UNEP연구: 《Measuring glacier change in the Himalayas》, UNEP, Sept. 2012, https://na.unep.net/geas/archive/pdfs/GEAS_Sep2012_ himalayanglaciers.pdf

**67** GlacIndia연구: GLACINDIA, Results report, 2017 (Universitetet i Bergen)

**68** 네팔의 GLOF: 《Glacial lakes and glacial lake outbursts in Nepal》, ICIMOD, Kathmandu, mars 2011

**69** 히말라야 지역의 200개의 빙하 바다: 《Glacial lakes threaten Indian Himalayan dams》, Scientific India, 31.8.2016

**70** Jorge Daniel Taillant, Glaciers- The Politics of Ice(Oxford University Press, 2015)

**71** 안데스 개발의 최근 동향은 :《GovernmentLeakson Glacier Impacts Complicate Several Mining Projects in Argentina》,CHRE,29/12-2016,http://center-hre.org/?p=15904, 《Argentina Federal Government Recognizes Glaciers in Mining Areas》, CHRE, 26.1.2017, http://center-hre.org/?p=15998

**72**  체왕 노르펠에 대해서는 Taillant, p. 218에서 인용

**73**  소콜로와 메탄 거품: Siberian Times, 22.7.2016

**74**  TASS/Siberian Times, 20.3.2017

**75**  캐나다 툰드라지대의 메탄 거품: ABC News, 21.5.2017

**76**  Ted Schuur: ABC News, 21.5.2017

**77**  시베리아의 탄저균:《Stort miltbrann-utbrudd i Russland》, nrk.no/Sveriges radio, 27.7.2016

**78**  영구동토층에 대한 Sarah Chadburn 의 설명: Nature Climate Change, online, 10.4.17

**79**  라이사달렌의 순록 방목 연구: Marika te Beest, Environmental Research Letters, 22.12.2016

**80**  《Pleistocene Park: Return of the Mammoth's Ecosystem》, Science, 6.5.2005

**81**  《The Zimovs: Restoration of the Mammoth-Era Ecosystem, and Reversing Global Warming》, OTTAWALIFE Magazine, 11.2.2013